河流生态环境变化及驱动力分析研究

董增川　付晓花　徐　伟　谈娟娟　著

科学出版社

北京

内 容 简 介

本书以滦河为研究区,运用 3S 技术、统计分析法等多种技术手段调查滦河生态环境变化格局,建立变化环境下河流、流域生态健康评价指标体系及预警模型,揭示滦河河流、流域生态健康演变过程;建立分布式生态水文模型,识别气候变化和主要人类活动因子对滦河河流及流域生态环境变化的贡献率,分析不同时期生态环境变化的主要驱动力因子;并针对驱动力分析和生态健康预警结果,给出预控建议。

本书可供从事水文学及水资源、水利水电工程、地理科学等领域的科学研究人员、工程技术人员与政策管理人员参考。

图书在版编目(CIP)数据

河流生态环境变化及驱动力分析研究/董增川等著.—北京:科学出版社,2020.5
ISBN 978-7-03-060168-1

Ⅰ.①河…　Ⅱ.①董…　Ⅲ.①滦河-流域环境-区域生态环境-研究
Ⅳ.①X321.221

中国版本图书馆 CIP 数据核字(2018)第 291141 号

责任编辑:周　炜　罗　娟 / 责任校对:郭瑞芝
责任印制:吴兆东 / 封面设计:陈　敬

科 学 出 版 社 出版
北京东黄城根北街 16 号
邮政编码:100717
http://www.sciencep.com

北京中石油彩色印刷有限责任公司印刷
科学出版社发行　各地新华书店经销
*
2020 年 5 月第 一 版　开本:720×1000 1/16
2021 年 1 月第二次印刷　印张:13
字数:262 000
定价:98.00 元
(如有印装质量问题,我社负责调换)

前　　言

　　滦河流域位于海河流域北部,发源于河北省丰宁县骆驼沟乡小梁山南坡大古道沟,流经内蒙古、辽宁、河北等三省(自治区)的 27 个县(旗、区),在潘家口穿越长城进入唐山市区,于乐亭县南兜网铺注入渤海。近几十年来,随着国家的大力投入与建设,滦河流域已经形成了较为完整的水利工程体系,潘家口水库、大黑汀水库、桃林口水库三大水源工程和引滦入津、引滦入唐等引水工程,形成了以滦河流域为母体,辐射天津、唐山、承德、秦皇岛四座城市的滦河水资源经济区,产生了巨大的社会效益和经济效益。

　　随着气候变化和包括城镇化、水资源开发利用等因子在内的人类活动的影响,滦河流域遭遇了空前的生态环境危机。自 1997 年以来滦河开始持续干旱,流域生态失衡严重,特别是滦河下游步入了由常年有水河流向季节性河流转变的危险境地。流域水污染加剧,排入滦河及流域水库的污水量大,其主要污染源包括流域内城镇生活污水、工矿企业污水及农药化肥的大量使用造成的面源污染,水污染的加剧势必造成清洁水资源总量的减少。此外,湿地退化、优良鱼种消失等河流生态环境危机已经严重威胁滦河的河流健康,以及流域的供水安全、粮食安全和生态安全。

　　为解决滦河流域的生态环境危机,深入分析流域生态环境演变机理,并揭示生态环境退化的主要驱动因素,2011 年启动了水利部公益性行业科研专项项目"海河流域生态环境变化与驱动力分析研究"。经过项目组全体研究人员的辛勤努力,主要取得了以下成果:应用 3S 技术、历史调查和野外勘查等技术手段,取得了不同时期研究区土地覆盖、土地利用等信息,建立了生态景观信息提取与多源信息同化处理技术,形成了一套"提取-整理-应用"的技术体系;以多源信息数据为基础,采用机理分析与数理统计相结合的方法,建立人类活动因子与自然条件因子动态过程分析模型,揭示了研究区不同时期气候变化、人类活动、水文变化和生态环境的演变特征;综合利用层次分析、模糊评价与人工神经网络模型等方法,建立了研究区河流、流域生态健康评价指标体系及预警模型,揭示了研究区河流、流域生态健康演变过程;通过水文生态变化机理分析,建立了分布式生态水文模型,识别了气候变化和主要人类活动因子对研究区河流以及河流所属流域生态环境变化的驱动力与贡献率。

　　本书是在该项目主要研究成果的基础上撰写的。本书共 10 章。第 1 章介绍河流生态环境变化研究的最新进展和本书的研究内容及研究思路;第 2 章介绍滦河流域的概况,包括自然地理概况、水资源概况和社会经济概况;第 3 章～第 6 章分析滦河流域生态环境系统的结构与特征,分别揭示流域气候、人类活动、水文、生态环境的动态变化规律;第 7 章建立河流、流域生态健康评价指标体系及评价模型,揭示滦河河流、流域生态的健康演变过程;第 8 章通过建立滦河生态水文模型,结合各种情景方案模拟,识别气候变化和主要人类活动因子对滦河河流及流域的生态环境变化的驱动力与贡献率;第 9 章在对滦河主要驱动力因子进行分析的基础上,对未来滦河河流、流域生态系统健康状况做出预警,并提出预控对策;第 10 章为结论。

　　本书由董增川、付晓花、徐伟、谈娟娟撰写。其中,第 1 章、第 7 章、第 8 章、第 10 章由董增川、刘晨、山成菊撰写,第 2 章、第 3 章由付晓花、王聪聪撰写,第 4 章、第 5 章由徐伟、张晓烨、李臻撰写,第 6 章、第 9 章由谈娟娟、方庆、刘倩撰写。全书由董增川统稿。

　　感谢水利部国际合作与科技司、水利部海河水利委员会科技处的大力支持,为研究工作的开展创造了良好条件、提供了有力保障;感谢水利部海河水利委员会海河流域水土保持监测中心站、天津市龙网科技发展有限公司的积极配合、及时沟通和反馈,为相关研究提供了切实可靠的资料,保证了研究工作的进展。

　　本书得到水利部公益性行业科研专项项目"海河流域生态环境变化与驱动力分析研究"(201101017)、国家社会科学基金重大项目"保障经济、生态和国家安全的最严格水资源管理制度体系研究"(2012&ZD214)、国家重点研发计划课题"国家水资源协同配置模型与方案研究"(2016YFC0401306)的资助,在此一并表示衷心的感谢。

　　限于作者水平,书中难免存在疏漏和不妥之处,敬请读者批评指正。

目　　录

容之一。当代河流生态学之父——Hynes 强调河流生态学需要完全理解水文学和水文学对生物的控制以及来自景观外源性有机物对河流有机体的影响。1980年,Vannote 等提出河流连续性理论,试图沿着河流的整个长度来描述各种河流生物群落的结构和功能。Ward 等指出河流水文连续性不仅包括景观斑块之间的交换,还有河流动力特征产生的栖息地的多样性,并在此基础上提出了用四维空间概念,即纵向(上游—下游)、横向(深槽—滩地—洪泛区)、垂直(河底—水面)和时间模型来描述河流生态系统。随后,人们逐渐认识到洪水过程对河流生态系统的重要性,河流生态学由以往对河流的单学科研究转向综合、系统的研究,即考虑河流上下游之间的关系和作用,以及河流和陆地生态系统的相互影响。河流生态学领域从此日趋活跃,并发展成为一门高度交叉性(与水文学、水利工程学、水力学、生物学、地貌学等的结合)的学科[1]。

在历史发展的长河中,环境在不同尺度上发生变化,并对人类产生有利或不利的影响。我国古代的书籍中早就记载了沧海桑田的海陆变迁现象。环境演变研究与地理研究、气候研究互为补充、相辅相成,并与构造地质学、沉积相学、考古学及遥感测量等学科具有一定的联系[2]。目前,应用空间信息技术研究生态环境的演变规律及机制已成为区域生态环境研究的重要内容[3]。

生态环境是人类赖以生存和发展的基础。在 18 世纪中叶第一次工业革命后,工业污染现象严重;19 世纪中期第二次工业革命后,生态系统及生物圈的结构和功能受到威胁,显著降低了环境系统的缓冲能力和自净能力;到 20 世纪 50 年代,环境问题成为全球普遍关注的焦点问题,环境问题的研究强调从整体出发,注重生命维持系统的研究,扩大生态学原理应用范围,实行跨学科合作,提高环境监测效率,关注全球性环境问题[4];20 世纪 80 年代,全球环境变化与陆地生态系统相互关系是国际地圈生物圈计划(International Geosphere-Biosphere Programme,IGBP)中全球变化研究的核心领域之一,它是从生态系统的物质循环与能量平衡的角度,研究地圈-生物圈-大气圈的相互作用,探讨全球变化的成因与控制机制、空间格局变化规律、未来趋势预测及生态系统变化对全球变化的响应与反馈[5]。

国际上对生态环境演化比较有影响意义的研究如 20 世纪 90 年代初美国环境保护署(Environmental Protection Agency,EPA)提出的环境监测和评价项目,从区域和国家尺度评价生态环境资源状况,并对发展趋势进行长期预测[6],随后生态环境区域变化状况逐渐发展成流域环境监测与评价,借助分析模型重点分析流域自然环境变化状况[7]。近几十年,以全球变化研究为主题的环境演化得到长足发展,注重系统性、动态性的分析和研究,探讨区域性环境变化对整体性环境产生的影响[8],并将长时间尺度环境变化和短时间尺度环境变化分析相结合,把自然因素影响下的环境变化和人为因素作用下的环境变化结合起来[9]。随着计算机

第 1 章 绪　　论

1.1　研究背景和意义

为解决我国所面临的生态和环境问题,《国家中长期科学和技术发展规划纲要(2006—2020 年)》把环境列为重点研究领域,把生态脆弱区域生态系统功能的恢复重建列为该领域的优先主题;把人类活动对地球系统的影响机制和全球变化与区域响应列为面向国家重大战略需求的基础研究。本书研究属于构建生态系统功能综合评估及技术评价体系的一部分,属于环境重点研究领域生态脆弱区域生态系统功能的恢复重建的优先主题。本书以滦河流域为研究对象,侧重实用方法与技术研发,是国家相关研究计划的重要补充。

滦河流域位于海河流域北部,是内蒙古高原与华北平原的过渡地带,是京津唐乃至整个华北地区的生态屏障,同时也是天津和唐山的主要水源地,流域生态条件脆弱。自 20 世纪 50 年代以来,由于城镇化建设、水利工程建设、社会经济用水量的加大等人类活动及自然、地域、水资源利用因素的影响,流域内水资源危机日渐严重,生态与环境已趋于严重恶化。尤其自 70 年代以来,流域内修建大量水库及引水工程,水资源开发工程为流域工农业建设提供保障的同时改变了天然河流的水文情势,其对河流及其流域生态系统的破坏也是不言而喻的。持续恶化的生态环境影响了流域经济社会的可持续发展和人民生活水平的进一步提高,遏制流域水生态危机、恢复水生态已经刻不容缓。

滦河流域生态环境日益严峻的状况,使得该地区已成为我国生态环境问题的热点地区之一,引起了社会各界和政府的重点关注。因此,调查滦河流域生态环境的现状,分析滦河流域生态环境演变规律及其驱动力,揭示河流生态系统退化机理,为滦河流域水生态环境修复、应急预案的拟定以及政府宏观决策的制定等方面提供理论依据,对滦河流域可持续发展及同类地区生态环境建设具有重要的理论与实际意义。对进一步改善流域生态环境,保护生物多样性,维护人类生存环境,保障流域社会经济可持续发展,促进和谐社会建设有重要价值。

1.2　国内外研究进展

河流生态学的研究根源于水生昆虫学和渔业生物学,是生态学的重要研究内技术、3S〔遥感(remote sensing,RS)、地理信息系统(geographic information system,GIS)和全球定位系统(global positioning system,GPS)〕技术等新方法的广泛应用[10,11],能够实现半定量提取生态环境信息,使环境演化研究向定量化和模型化趋势发展。

长期以来生态环境调查研究以地质学、自然地理学和景观生态学等学科为理论指导,利用环境监测过程中广泛应用的 RS 技术对地表环境进行大面积连续监测,结合 GIS 技术与数理统计手段对生态环境变化进行量化,并定量地确定生态系统稳定性以及生态安全状况,实现生态环境遥感监测的定量化和模型化[12]。

1.2.1 生态健康评价研究

1. 河流生态健康评价研究

19 世纪,伦敦的工业化进展迅猛,大量的污水和工业用水未经处理直接排入泰晤士河,造成了河流的严重污染,并引发了夺去数万生命的疾病暴发。与此同时,欧洲其他国家也有类似经历,莱茵河沿线的诸多国家也在深受工业化带来的河流污染问题的苦难,河流健康评价就是在这种情况下产生的。世界各地不同河流面临的具体问题不尽相同,河流生态系统健康评价仍处于探索研究中,其中的研究方法也是层出不穷,总结起来大致经历了以下三个阶段。

1) 理化参数评价

河流健康被破坏威胁人类生存的问题始于工业化的开始,这一问题对于刚开始的研究者来说是个新问题,研究方法和手段相对来说比较直接简便。19 世纪末,泰晤士河和莱茵河的水质监测项目主要有大肠杆菌、pH 和溶解氧等有限的几项。随着工业化的发展程度、河流污染加重以及研究者认识问题能力的提高,水质监测项目呈现指数级增加[13],欧美一些国家相应的水质监测规定甚至超过了 100 项。美国俄勒冈州水质指标(Oregon water quality index,OWQI)给出了温度、溶解氧、生化需氧量、总磷、总氮、悬浮物、大肠杆菌和 pH 等一系列综合指标,旨在通过监测指标的动态变化趋势,找出对河流水质有重要影响的因素[14]。

相对于国际上的研究,我国的河流水质监测评价工作开展较晚。20 世纪 50年代才开始建立水质监测站,时至今日,六大水系上共建立了 300 多个监测断面对反映河流生态变化的 17 个水质指标进行监测,同时国家还出台了一系列污染物排放标准和环境标准。

2) 指示物种的监测与评价

河水被污染,直接造成河流生物群落完整性被破坏。从生物群落角度看,完整性是生态系统健康的基本特征,一个生态系统的生物多样性越丰富,那么形成的食物链越复杂,这样的系统稳定性要高于简单的直线型链条结构,其抵抗外界干扰的能力越强。河流生态系统被污染破坏后,其生物群落多样性的水平将降低,这同样对河流生态系统造成胁迫之势。河流水生生物的多样性和稳定性遭到破坏后,河流生态将向不同的系统演化。因此评价河流生态系统健康状况时,选择指示物种成为一种比较科学合理的方法,其中指示物种主要包括浮游植物、大型水生植物、底栖动物和鱼类等生产者、消费者和分解者。21 世纪初,德国学者Kolkwitz 和 Marsson 提出指示物种的概念,将能够反映河流污染特性的生物称为水污染指示物种。

澳大利亚于 1992 年开展的国家河流健康计划[15](National River Health Program,NRHP)旨在监测和评价该国河流的生态状况。美国 EPA 于 1999 年推出新版的快速生物评价协议[16](Rapid Bioassessment Protocols,RBPs),给出了河流着生藻类、大型无脊椎动物、鱼类的监测和评价方法与标准。

目前指示物种法是河流生态系统健康评价中比较常用的方法,这种方法避免了理化参数监测的局限性和连续取样的烦琐,可以直接监测出河流生态系统发生变化或已经产生影响但尚未显示不良效应的信息。但选择不同的研究对象和监测指标会产生不同的评价结果,确定不同生物类群进行评价时的尺度和频率难以确定,在综合评价河流生态系统健康时不全面。

3) 综合指数法

综合指数法[17]是综合了物理、化学、生物、社会经济等诸多指标,能够反映不同尺度河流生态系统健康程度的一种多指标评价方法。这种方法既可以反映河流生态系统的健康程度,又能反映河流的社会功能水平,还能反映河流生态系统健康变化的趋势。确定评价标准并对这些指标进行打分,将各项得分累计后作为评价河流健康程度的依据,这种方法适宜于受干扰程度比较深的河流健康评价。综合指数法评价河流健康程度的评价系统比较多,其中比较著名的有南非提出的生境综合评价系统(integrated habitat assessment system,IHAS),该系统涵盖了大型无脊椎动物、底泥、植被以及流量、流速、水温等河流物理条件[18]。澳大利亚农业和水资源部于 1999 年进行了包括河流水文学、河流形态、河岸带特征、水质和水生生物等几个方面诸多指标的溪流状况指数(index of stream condition,ISC)研究,对该国 80 多条河流生态系统健康状况进行综合评价。此研究的指标在随后的研究中不断增加。世界上许多国家也先后进行了此类研究,典型的河流生态系统健康评价综合指数法见表 1.1,其中主要包括河岸渠道环境评价系统(the riparian channel and environment,RCE)、河流生境调查(river habitat survey,RHS)、河流健康计划(river health programme,RHP)、城市河流生境评估(urban stream habitat assessment,USHA)等。

表 1.1　河流生态系统健康评价综合指数法

方法	主要设计者	主要评价指标类别	主要优缺点
RCE	Petersen	评价指标包括河道的宽/深结构、河床条件、河岸结构、河岸带完整性、水生植被、鱼类等,评价划分五个健康等级	优点是可以在短时期内快速评价河流健康状态,适用于农业地区的河流健康评价
RHS	Raven	评价指标包括河道参数、河岸侵蚀、河岸带特征、植被类型及流域土地利用情况	优点是可以将河流形态、生境和生物形态串联起来评价河流健康状况。缺点是一些数据很难定量化,而且不同类别指标之间的关系有的很模糊
RHP	Rowntree	评价指标包括水文、河流形态、水质、河岸植被、生境、无脊椎动物、鱼类等	优点是能够较好地用生物群落指标来反映外界对河流的干扰情况。缺点是一些指标获取不易
USHA	Suren	评价指标包括流域地貌、河流等级、降水、河岸稳定性、河道流量、植被覆盖率、植被类型、优势种、河道底质稳定性、水生生物等	优点是从宏观、中观、微观三方面综合对河流健康状况进行评价,比较全面。缺点是该法的指标主要是针对新西兰的河流而设置的,其他区域的河流评价需要因地制宜地进行调整

目前欧盟和美国等发达国家及地区已在长期生态监测数据积累的基础上,基本形成了评价本国河流生态系统健康的指标体系和相关的标准。然而生态系统本身具有显著的区域特征,因此各国都致力于发展适合本国河流的生物监测指标体系与技术方法[19]。

相对于国外的研究,国内研究尚处于起步阶段。我国在河流生态系统监测评价领域的相关技术与国际先进水平相比存在较大差距,离实际应用于流域管理还有相当距离。虽然已有学者参考欧美河流生态系统健康指标体系开展了相关研究,但这些研究因我国多数水生生物资料没有长期的积累、水生生物关键类群的分类存在很多问题,尚停留在对国外河流生态系统健康认识的初始阶段,所取得的研究结果有很大的局限性,实际应用的可能性也受到很大限制。国内大部分研究都是从概念上提出评价指标,要么只考虑河流自然形态方面的因素,要么只考虑河流对人类社会的服务功能。近几年才有一些研究提出的评价指标两者兼有。经过近几年的摸索,国内一些地区已建立了适合其地区环境的河流生态系统监测与评价体系。刘晓燕等[20]在研究中提出了径流连续性、河道排洪能力、主河槽输沙能力、河床横比降、水质、水生生态、湿地和供水能力等 8 个指标,这些指标基本涵盖了与河流生态系统健康有关的所有因素。针对黄河支流——渭河的健康问题,冯普林[21]提出了四类评价指标,稳定河床维持指标(潼关高程、平槽过水能力、常流量水位)、水域功能实现指标、良好生态维系指标(湿地率和枯水期平均流量)、人水和谐指标(洪水风险率、水资源利用率、泥沙资源利用率等)。张可刚等[22]以华北地区河流——潮白河为例提出了河岸抗冲刷能力、河岸植被覆盖率、鱼类种类、底栖动物种类、底泥污染、生境破碎化、水质、流域人口密度、娱乐服务和航运等评价指标。这些研究方法涵盖的指标相对比较全面,基本包括与河流生态系统健康有关的各类指标,但缺点是有些指标只能定性比较,很难定量计算。

综上所述,河流生态系统健康评价还处于探索阶段,尚未形成比较完整的一套方法。该研究领域涉及面比较宽,涉及内容比较多,而且影响河流生态系统的因素和这些因素之间的相互关系也很复杂,系统内部结构的复杂性决定了该研究的复杂性和综合性。

2. 流域生态系统健康评价研究

流域生态系统健康评价的意义在于为生态恢复和管理提供决策依据,实现流域的可持续发展。流域生态恢复应以特定流域状况下可实现的最大自然性作为依据,以近似自然状态为参考,以相对完整性作为目标[23]。因此,健康的流域生态系统必须是一个完整的系统,具有生境复杂性、稳定性和可持续性。

国外对河流生态健康的评价工作开展得较早,从 19 世纪末期开始,美国、英国、澳大利亚针对各国的河流先后展开了健康评价[24]。较之河流健康评价,流域尺度的生态系统健康评价研究较少。美国于 2005 年前后分别对 Muskoka 流域、Mississippi 流域、新泽西州流域、波特兰市流域拟定了健康评价的指标体系,进行了流域健康评价。澳大利亚联邦科学和工业研究组织的相关学者,建立了流域健康诊断方法[25]。该方法能够分析流域的总体质量、功能水平与环境质量变化的趋势,使人们明确应该采取哪些具体而必要的行动和措施。加拿大的流域健康保护计划对流域健康的保持和改善从水质、水量、野生动物与社会和经济因素等几个可持续的方面来开展[26]。国外针对流域生态系统健康的评价指标主要有以下几种结构:以流域水质评价为核心[27];以流域土地利用为核心[28];压力-状态-响应(pressure-situation-response,PSR)模型[29];自然条件限制因子-流域生态健康指示因子-人类活动影响因子[30];生物因素-非生物因素;开发与保护并重的流域健康评价指标体系。

国内流域生态环境健康评价尚处于探索阶段。Lin 等[31]于 1999 年完成了《生态环境健康诊断指南》专著,提出了"流域生态健康诊断"研究课题。以安塞纸坊沟小流域为研究对象,选取林草覆盖度、基本农田面积等 10 个指标来反映流域生态经济系统功能,定量分析了黄土丘陵区安塞纸坊沟小流域进行水土保持型生态农业建设中生态系统恢复的过程。之后国内许多专家学者从不同角度选取不同的指标,对相应的小流域生态系统健康进行评价。例如,戴全厚等[32]对侵蚀环境小流域生态经济系统进行了健康定量评价研究,选取了人均基本农田面积和林草覆盖率等 16 个指标建立了健康评价指标体系。龙笛等[33]以自然条件限制因子-流域生态健康指示因子-人类活动影响因子评价体系为基础,选择了水质、植被、水土保持等 20 项指标,对滦河流域(内蒙古山区部分)进行生态系统健康评价。吴炳方等[34]基于压力-状态-响应模型构建了三峡库区大宁河流域生态健康评价指标体系,并以各个小流域为评价单元进行了单因子和综合评价。

从生态系统健康评价到流域生态系统健康评价转变的过程中,最核心的变化是从生态系统结构功能的研究转变为不同生态系统构成的空间镶嵌体——景观的结构与功能的研究,而这正是以格局和功能相互关系为理论核心的景观生态学的主要研究内容[35]。流域生态系统健康评价除了对流域内不同类型的生态系统进行研究,还需要从景观和流域尺度进行环境质量的监测。RS、GIS 以及景观生态学原理与地面调查研究密切结合,通过景观格局变化了解生态系统的功能过程,是生态系统健康评价的发展趋势。

国内外流域生态系统健康评价的方法主要分为生物监测法和指标体系法,而生物监测法又可以进一步分为指示生物法和简单指数法[24]。随着生态系统健康研究的进一步深入,生态系统健康评价方法得到了长足发展,已由最初定性的简单描述发展为现今较为精确的定量判断。目前我国常用的生态系统健康评价方法主要有综合指数法、生态足迹法、聚类分析法、模糊数学法、层次分析法(analytic hierarchy process,AHP)、景观空间格局分析法、物种指示法和神经网络模型法等。在流域生态系统健康研究中,由于流域生态系统具有一定的空间特征和相关性,需要对流域内不同类型生态系统的生态过程进行动态监测,景观空间格局分析法,尤其是结合 3S 技术的研究方法非常适用。而传统的分析方法和研究手段难以将评价指标进行空间量化,从空间角度进行健康评价、动态评价和对比分析也具有一定的局限性。因此,充分利用 GIS 技术有助于流域生态健康评价[36]。

1.2.2　生态环境变化驱动力研究

驱动力系统的层次具有多样性。驱动力系统整体具有单独驱动力所不具有的性质和功能,任何一种驱动力对生态环境变化的作用都不是独立的,真正推动生态环境变化的是由这些驱动力共同作用形成的合力,这种合力是驱动力系统作为一个整体存在的基础,因此在驱动机制研究中,应从整体出发,在研究合力整体的过程中研究具体的驱动力。

驱动力的主要特征:

(1) 整体性。根据系统论整体性原理,生态环境变化的驱动力是由若干驱动力因子组成的具有一定新功能的有机整体,它具有各独立驱动力不具有的性质和功能,因此,其整体的性质和功能要大于各单独驱动力的性质与功能的简单加和。

(2) 层次性。组成驱动力的各系统要素的种种差异使系统组织在地位与作用、结构与功能上表现出等级秩序性,形成了具有质的差异的系统等级,层次概念就用于反映这种有质的差异的不同系统等级或系统中的等级差异性。驱动力的层次性是其固有特性,其层次也具有多样性的特点,可以按照驱动主体的性质划分,也可以按照分析的尺度划分。

(3) 动态性。发展变化是事物的根本属性,驱动力也不例外。生态环境驱动力的动态变化有纵向和横向之分。纵向是指其随时间的变化,即驱动力变化的过程性和阶段性;横向是指系统内部和外部的相互作用导致的驱动力系统整体的变化。一般来讲,纵向变化是导致驱动力变化的直接原因,而横向变化是纵向变化的根源。因此,在研究生态环境驱动力的动态变化时,重点是驱动力的横向变化。

随着 3S 技术的日益成熟和观测资料的不断积累,针对生态环境日益恶化的现状,国内外学者从不同角度和层次对一些典型区域开展了大量生态环境变化及其驱动力方面的研究工作,研究的尺度、内容、方法都有很大的变化。通过对区域生态环境变化趋势、驱动机制的分析研究,揭示了生态环境变化的速率和方向,为区域可持续发展提供理论依据。脆弱和敏感区的生态环境变化过程及驱动机制分析已经成为全球环境变化研究的主流[37]。

国外对生态环境研究的起步相对较早,早在 17 世纪,西方一些科学家根据岩层中的化石对古环境做了一些推测,并试图对环境变化的原因进行解释。19 世纪中期,英国地质学家 Lyell 出版的经典著作 *Principles of Geology* 中,也涉及自然环境变化原因的探索。近年来,随着生态学、环境学、可持续发展、3S 理论和技术的应用,国外生态环境变化研究进入快速发展时期。Pan 等[38]采用典型相关分析法分析了加拿大 Haut-Saint-Laurent 地区 1958~1993 年景观格局演变同土壤类型之间的相关关系。Jaimes 等[39]利用地理加权回归的方法探索了 1993~2000 年墨西哥森林景观变化的驱动力。Rudel[40]利用国家加权的普通最小二乘法(ordinary least square,OLS)回归对 1990~2005 年全球森林景观变化的影响因子进行了甄别。

我国对生态环境变化的驱动机制的研究开始得较晚,直到 20 世纪 80 年代末 90 年代初该研究才开始受到人们的重视。这段时期由于资料和手段的限制,多采用定性分析描述各种驱动力对生态环境变化的影响。进入 21 世纪,我国研究人员将 3S 技术与各种统计方法结合起来针对不同区域的生态环境变化开展了大量研究工作。2000 年,王根绪等[41]以卫星影像资料为基础,结合野外调查,对 20 世纪 70 年代以来黄河源区生态环境演变过程及趋势进行了对比分析,并依据相同时期的气候变化、人为活动强度分析,对该区域生态环境变化的产生原因进行了探讨。2001 年,尹昭汉等[42]对鸭绿江中下游地区近百年来的生态环境演变进行分析得出,人们对自然资源的掠夺式开发是环境恶化的重要因素。陈德华等[43]通过不同时段的遥感解译,分析了疏勒河流域中游地区不同生态景观的定量变化及成因。邓辉等[44]在前人工作的基础之上,利用大比例尺航空遥感影像判读、历史文献分析和实地考察等多种手段,在复原统万城城市形态的基础上,对建城初期的当地生态环境做了一些初步的复原工作,并探讨了统万城从修建到废毁期间人类活动对当地生态环境的影响过程。2002年,王乃昂等[45]对近2000年来导致我国西部生态环境变化的影响因子进行了分析。结果表明,人口增加和大规模土地开发是生态环境恶化的主导因素。杨具瑞等[46]在分析甘肃省地形地貌、气候条件、河流及水资源、森林、土壤等自然环境的基础上,把影响甘肃省生态环境的因素分为自然因素和人为因素两大类,认为干旱、洪涝、水土流失等人类活动共同促使甘肃省生态环境发生了变化。2003年,刘志丽等[47]利用3S技术综合研究了新疆塔里木河流域中下游11年生态环境变化与成因,认为塔里木河中下游生态环境恶化既有自然因素,也有人为因素,但关键是人为因素。张明铁等[48]通过对额济纳绿洲生态环境变化的定量与定性研究分析,认为典型的干旱荒漠气候和地质地貌条件是额济纳绿洲退化的动力条件和物质基础,水资源减少是额济纳绿洲退化的根本原因,人口的迅速增长、超载过牧、滥伐乱樵等起了催化剂的作用。杨永春[49]根据社会调查结果资料分析了甘肃省河西区石羊河流域下游民勤县的环境变化及其成因,认为环境变化的人为原因主要是全流域人口增长过快所引起的耕地扩张造成的农业用水需求无节制增长,导致中上游截留下游淡水资源,使得下游地下水利用规模逐年扩张,造成地下水位快速下降和水质迅速恶化。2004年,蓝永超等[50]对黑河流域水土资源开发利用现状、生态环境恶化状况及其成因进行了深入分析,认为自然因素,包括气候、水文以及地质地貌等要素对流域生态环境变化起决定作用,人类活动对生态环境的作用,无论改造还是破坏,均将引发自然环境的变化。刘章勇等[51]对江汉平原涝渍生态环境演变过程及其驱动力进行了分析。结果表明,不同时期江汉平原涝渍生态环境演变的主要驱动力因子不同,湖泊在江汉平原涝渍生态环境的演变中起着特殊的调控和指示作用。2005年,董立新等[52]利用卫星影像数据及野外调查,对黄河上游玛多县20世纪80年代以来生态环境变化趋势进行对比分析,还对70年代以来以气候因子为主导的包含冻土环境与水文条件的自然因素变化和人类活动进行分析,并以此为基础,探讨了玛多县生态环境变化的成因。2006年,郝兴明等[53]结合塔里木河流域近50年来水文、植被以及社会经济等方面的资料,采用趋势分析方法估算了人为因素对流域地表径流的影响,通过相关和主成分分析(principal component analysis,PCA)等数学方法分析了人类活动诸因子与流域地表径流和地下水质之间的关系。宁镇亚等[54]采用RS、GIS一体化信息提取技术和数理统计方法,对呼伦贝尔地区进行了森林-草原生态交错带多时相遥感数据分析研究,揭示了其生态脆弱特征及时空分布规律,通过基于压力-状态-响应模式的驱动力分析,获取了该地区生态环境现状和动态变化的空间分布与空间统计信息,探明了该地区生态环境现状及其动态变化的空间分布、空间统计和空间特征规律。2007 年,王海青等[55]结合黑河流域 40 多年来水文、社会经济等方面的资料,采用趋势分析法估算人为因素对流域地表径流的影响,通过相关和主成分分析等数学方法分析人类活动诸因子与流域地表径流之间的关系。2008 年,李凤霞等[56]利用 TM 卫星影像数据,在遥感监测系统支持下,分析和探讨了 20 世纪 90 年代以来黄河源头生态环境变化趋势及驱动力因子。2009 年,赵静[12]以多源遥感数据及统计监测数据为数据源,借助 RS 和 GIS 技术提取了三江源生态环境变化要素,以县级行政区为基础分析单元,探讨了三江源生态环境的综合演化趋势及导致环境变迁的驱动力因子。2010 年,艾合买提·吾买尔[57]利用研究区域有关统计数据和前人的研究结果借助模糊数学方法对于田绿洲不同年代的生态环境脆弱性进行了定量评价,对其进行对比分析,分析了该地区生态环境演变的主要原因。同时,利用灰色关联度分析法、主成分分析法等现代地理学中的数学方法,分析了人类活动在绿洲土地和植被环境变化中的驱动作用。2011 年,马利邦[58]综合应用实地调查、3S 技术、生态空间分析、模型模拟等方法,从不同角度和层次分析了敦煌市近 20 年来的生态环境演变过程及驱动机制。2012 年,王冬梅等[59]以多期 TM 卫星影像和长时段气候资料为基础数据,分析了陇南市武都区 1992~2011 年植被覆盖度年际动态变化,并运用主成分分析方法从自然因素和人为因素进行了驱动力分析。2013 年,王冬梅[37]综合运用实地调查、3S 技术,从不同角度和层次对陇南市武都区近 20 年来生态环境变化过程进行了深入分析,并运用主成分分析方法获取了陇南市武都区生态环境变化的主要驱动力因子。2014 年,周沙等[60]从多角度分析了黑河流域中游地区植被覆盖度时空变化特征,并建立了基于演变过程的生态系统灰色关联度模型,分析了生态环境变化的驱动力因子。

可见,近年来我国学者在生态环境演变及其驱动力研究方面做了大量工作,取得了丰硕的成果。虽然这方面仍然主要是定性的研究较多,定量研究较少,但近年来有向定量分析发展的趋势。定量主要采用 3S 技术和多元统计分析的方法,通过大量的实测数据模拟数学方程。由此可以推断,对生态环境变化及其驱动力的研究,在研究方法上,将逐渐从过去的定性描述向运用 3S 技术、数学建模等定量化和模型化方向发展。

1.2.3　生态健康预警研究

预警的思想很早就出现了,但 20 世纪 50 年代才在军事领域中的雷达和导弹防御系统中真正付诸实践。第二次世界大战后美国率先将预警理论应用于经济研究领域。在预警系统进入民用领域后,首先应用于宏观经济调控的研究中,并得以进一步改进和完善。然后,预警理论在气象、灾害预防和环境等许多领域得到广泛应用。

生态系统预警是在工业化发展过程中由于环境污染而促使社会对环境问题重视而发展起来的。生态环境问题并不是生态系统自身出了问题,而是由于经济和社会的发展强行挤占了生态系统自身存在的空间,并打破了生态系统自身运转的平衡。

生态系统预警是对生态环境的变化以及生态系统逆向演化所做的评价、预测和警报。其以区域持续发展为目标,建立在区域生态环境监测、观测和统计分析的基础上,从时间和空间尺度上对生态环境的变化进行预测,并从自然、社会和经济三方面选取有关要素作为评价生态环境质量的指标因素,对区域生态环境、经济发展的协调性和适应性进行评价,对超负荷的区域和重大的生态环境问题做出预警,以便采取必要的调控措施,调整社会经济政策,改善生态环境结构。

长期以来国内外都非常重视生态环境预警。从 1975 年全球环境监测系统(global environmental monitoring system,GEMS)的建立开始,以及随之而来的美国怀特建立的洪水泛滥预警体系、罗马俱乐部的全球发展综合预测、美国内布拉斯加大学研制的 Agent 系统、英国 Slessor 教授提出的以提高环境承载能力为目标的 ECCO(evaluation of capital creation options)模型、中国科学院国情分析研究小组对我国生态环境的预警,都从不同角度对生态环境预警进行了开拓性的研究。在这个过程中,生态环境预警理论不断完善,技术方法和手段不断得以更新和提高,从单项预警发展到综合预警,从专题预警发展到区域预警。而其中将预警研究与政府决策体系有效结合的典范当数美国的 Agent 系统,它将美国中西部六个州的区域管理问题相结合,在预警的基础上实施全面的优化调控和智能决策,并成为美国联邦政府决策体系的基本组成部分。

河流生态健康预警是以警报为导向、以矫正为目的的一种科学管理模式。警报是通过河流生态系统健康状况的不同阈值水平,对相关指标进行监测,从而识别出河流生态系统面临的健康危机,并发出警告;矫正是指针对曾经出现或者将来可能会出现的河流生态系统健康问题,提出调整措施并及时纠正过去不完善或者错误的制度和行为,以促成河流在非均衡状态下实现自我均衡,从而使河流生态系统朝着正常健康的轨道发展。生态系统预警理论和研究方法主要有以下一些学派。

(1)区域学派。以英国经济学家 Schumn 为代表的一些学者认为,从区域划分角度研究人口、资源、环境、经济的协调发展,建立区域可持续发展的预警系统,当系统状态偏离可持续发展目标时进行预警。

(2)系统动力学派。随着系统动力学(system dynamics,SD)的发展和完善,以美国系统学家 Meadows 为代表的系统动力学派学者利用系统工程原理和方法,构建了一个全球范围内的系统模型,包括人口增长、经济发展、资源消耗、环境污染等诸多相互之间有关系的要素,通过系统仿真对全球发展状况做出预警,并给出系统可能崩溃的"危机点",还提出了"零增长"的均衡战略,试图建立监测全球发展状态的预警系统。

(3) 资源学派。资源学派学者提出了ECCO法,模拟分析资源、人口、经济、环境的运行状态,并对出现危机的状态发出预警。

(4) 未来学派。未来学派学者与其他学派学者观点的最大不同在于其重点是研究系统未来发展的趋势。

(5) 协同学派。1972年,联合国在斯德哥尔摩举行人类环境会议上,提出了建立旨在协同联合国内各组织的全球环境监测系统和计划活动中心,用于开展各种不同的监测预警活动,为世界各国提供决策支持。这个思想的核心是世界各地的监测预警网络要协同作战,发挥整体优势,因此称为协同学派。

我国学者对复合系统预警的理论和方法也进行了大量研究。郑通汉[61]在进行水资源安全预警研究时认为在自然和人类社会发展因素引起水资源危机时必须进行预期性评价,以便提前发现与水危机有关的因素及危机产生的原因,从而为缓解水危机和消除安全隐患提供依据。赵雪雁[62]研究西北干旱地区城市化建设中的生态预警系统,提出了包括资源、环境、人口和经济指标的预警指标体系,并探讨了城市生态系统预警的方法和程序,为西北干旱区城市化过程中出现生态系统危机寻求解决办法。陈绍金[63]认为水资源的安全预警就是水在质和量方面偏离理想状态的预测和警示,他选取人均水资源量、森林覆盖率、水利投资增长率和人口增长为指标,运用系统动力学方法对未来某一水平年的水安全趋势进行预警,旨在为区域长期水资源规划、利用和调控提供决策依据。此外还有许多针对特定区域的预警研究,如三峡库区的山地生态系统预警、城市河流生态系统预警、农村生态环境预警等。

信息和模型是影响预警的两大关键因素。目前主要的预警研究方法有自回归条件异方差(autoregressive conditional heteroskedasticity,ARCH)模型、判别分析法、人工神经网络(artifical neural network,ANN)法、贝叶斯法等。各种方法在预警过程中都面临着许多困难,如实时信息难以获取、系统不确定性、预警指标很难全面选取等。河流生态系统健康预警的内涵有待进一步深化和完善,而预警指标体系也存在许多争议,因此在预警过程中选择的指标和模型是需要认真研究的。

目前生态环境评价预警指标体系的建立主要有以下几种模式:

(1) 基于自然-社会-经济的人工复合生态系统理论。

(2) 基于经济合作与发展组织(Organization for Economic Cooperation and Development,OECD)和联合国环境规划署(United Nations Environment Programme,UNEP)共同提出的压力-状态-响应指标体系。

（3）基于生态系统自身特征的指标体系。

目前尚未有较完善并被普遍采纳的生态环境评价预警评价指标体系。

在预警指标体系建立的基础上，如何对指标体系进行预警分析，也是目前研究较多的问题。总结来看，预警方法可根据所研究的对象、途径、范围分为多种类型。从预警的途径来看，一般可以归为两大类：定性方法和定量方法。此外，随着计算机技术的兴起，计算机技术也逐渐被引入预警系统中。

（1）定性方法的研究。

定性分析方法是环境预警分析的基础性方法，定性分析必须以对环境预警的基本性质判断为依据。同时，定性分析方法也是一种实用的预警方法，尤其是在预警所需资料缺乏，或者影响因素复杂，难以分清主次与因果，或主要影响因素难以定量分析时，定性分析方法则具有很大的优点。目前定性分析方法主要用于对环境影响、环境发展趋势与方向等内容的预测和预警。其常用方法包括德尔菲法、主观概率法等。

（2）定量方法的研究。

根据实际经验，预警系统只有建立在定量的基础上，才具有较强的可操作性。总结来看，预警的定量方法可以分为统计方法和模型方法，其中数学模型方法最为常见，也是预警研究的核心。

第一种，统计方法。目前统计定量模型主要是决策树方法。决策树是序贯决策的一种方法，一般决策树模型中的各个决策对象之间可以按照因果关系、复杂程度和从属关系分为若干等级，各等级之间用线条连接。例如，可采用决策树方法和非线性回归方法建立湖泊水华预警模型。其中，决策树方法预测水华暴发时间，非线性回归方法预测水华暴发强度并运用信号灯显示方法划分出水华暴发的预警区间。

第二种，模型方法。目前模型方法是最主要的定量方法，因为使用模型方法进行预警是建立在逻辑学、数学和其他具体科学基础上的，具有一定的科学依据。在环境预警方面，应用比较广泛的预警模型主要包括系统动力学预警模型、人工神经网络预警模型、支持向量机（support vector machine，SVM）等，这些方法的提出成功推动了预警研究的发展：一是系统动力学预警模型。系统动力学是美国麻省理工学院 Forrester 创立的一门分析研究信息反馈、系统结构、功能与行为空间之间动态、辩证关系的科学，是认识系统间问题、沟通自然科学和社会科学等领域的桥梁。二是人工神经网络预警模型。人工神经网络是一种由大量人工神经元广泛连接而成的，用以模仿人脑神经的网络系统，具有高维性、并行分布处理性、自适应性、自组织性、自学习性等优良特性。三是支持向量机方法。支持向量机是一类按监督学习方式对数据进行二元分类的广义线性分类器，其主要依据对学习样本求解出的最大边距超平面进行样本分类，具有很强的数据处理和统计能力。

（3）计算机辅助系统。

随着计算机技术的发展，计算机技术在环境预警中的应用也成为现在研究的热点，计算机技术的引进使预警系统更加完善，弥补了传统研究方法的不足，它强大的数据处理、模拟、监测能力使预警系统的应用更上一个台阶，目前典型的技术主要包括 3S 技术和 VB 平台。3S 技术及其集成具有信息资源共享、实时动态监控、模拟跟踪、综合分析和构建模型等特点。因此，将 RS、GIS、GPS 和计算机辅助制图系统结合起来构建环境信息预警系统，进行环境污染监测、预测、跟踪和评价是十分重要的。Microsoft Visual Basic 6.0 可以提高数据处理的效率，具有高效性、针对性和及时性，可以充分利用数据信息资源。

生态环境预警评价方法是目前研究的热点，呈现出多学科交叉融合的特点。目前主要的预警评价方法有层次分析法、模糊综合评判法、主成分分析法、BP 神经网络法、灰色关联度法等。

（1）层次分析法。

层次分析法是目前环境预警评价最常用的方法。该方法适用于求解递阶多层次结构问题，是一种定性与定量相结合的评价方法。

（2）模糊综合评判法。

模糊综合评判法是利用模糊隶属度理论对系统进行分析的综合化程度较高的评价方法，侧重于考虑生态环境系统内部关系的复杂性和模糊性，也是一种定性与定量相结合的方法。

（3）主成分分析法。

主成分分析法是处理多变量数据的一种数学方法，通过恰当的数学变换，使新变量——主成分成为原变量的线性组合，并选取少数在变差信息量中比例较大的主成分来分析评价事物状况的方法。主成分分析法是在影响因素过于繁杂时常用的方法，可简化过程，但评价不够全面，且需要有较全的历年环境数据作保证。

（4）BP 神经网络法。

BP 神经网络法是一种大规模并行的非线性系统，运用该方法指标权值可自动适应调整并可根据不同需要随意选取多个评价参数建模，具有很强的自适应、自组织、高效并行处理能力。BP 神经网络法为生态预警提供了一条新的科学途径，但方法还不成熟。

（5）灰色关联度法。

灰色关联度法是将杂乱的数据列进行整理，将空缺的数据通过计算机技术加以补充，用整理过的数据列建立模型进行评价和预测的方法。该方法是一种可以在基础数据不全的情况下进行预警的方法，但其可靠性还需验证。

除了上述常用的诊断预警方法外，还有一些其他的预警方法，如情景分析法、系统动力学预警方法等。虽然随着对生态环境预警研究的深入,新的预警评价方法不断涌现,但每一种方法都有各自的缺点和不足,有待通过以后的研究不断完善。

1.3 研究目标及研究内容

1.3.1 研究目标

以滦河为研究区,运用多种技术手段调查生态环境变化格局,建立基于 3S 技术的生态景观信息提取方法和变化环境下河流及流域生态健康评价指标体系与预警模型,辨识生态环境演变的主要驱动力和贡献率,预测河流及流域生态健康的演变趋势。

1.3.2 研究内容

1)滦河生态环境状态调查与演变过程分析研究

应用 3S 技术、历史调查和野外勘查等技术手段,选取 20 世纪 80 年代、90 年代和 21 世纪初三个阶段,调查滦河生态环境状态。以景观生态学理论为基础,分析各个时期滦河生态环境系统的结构与特征,揭示生态环境的动态变化规律。基于滦河生态环境动态变化分析结果,分析滦河河流生态系统退化过程与特征。

2)滦河生态健康评价指标体系与诊断研究

针对滦河生态系统的特点,建立滦河河流生态健康评价指标体系和模糊物元可拓评价模型,诊断滦河河流生态健康演变过程。同时建立滦河流域健康评价指标体系和模糊数学评价模型,诊断滦河各子流域及各行政区生态健康状况。

3)滦河生态环境演变驱动力及贡献率辨识研究

以滦河生态环境状态调查为基础,通过现场考察、监测以及历史资料的收集分析,对导致生态环境变化的驱动力形成较全面的认识。探索生态环境破坏的机理,从人类活动与气候变化等方面辨识生态环境退化产生和发展的主要驱动力并分类。运用机理分析和数理统计相结合的方法,计算各类主要驱动力因子的贡献率,根据贡献率的大小确定导致研究区生态退化的关键因素。

4)滦河生态健康预警及发展趋势预测研究

借鉴生态系统中生物体"健康"的免疫机理,分析河流生态健康预测预警的机制。结合生态系统的功能要求,分别建立河流生态健康预警模型和流域生态健康预警模型。在对滦河主要驱动力因子进行预测的基础上,对未来滦河河流生态健康状况和流域生态健康状况做出预测预警。

1.3.3　技术路线

　　按照"资料收集—信息提取—研究分析—成果总结"的思路开展研究工作,研究思路如下:

　　(1) 有针对性地收集、调查与观测研究区相关的气候、水文、生态环境、社会经济、土地利用、工程建设等资料,建立基础资料数据库,为深入研究奠定资料基础。

　　(2) 采用 RS、GIS 一体化信息提取技术,对研究区土地利用变化、水土流失情况等进行多时相遥感数据分析,提取并以定量和可视化的形式反映研究区不同时期土地覆盖和景观格局特征要素。

　　(3) 采用统计相关分析等方法,对研究区气候变化、人类活动变化、水文变化和生态环境变化进行分析,探索不同时期各种自然与人类活动的变化特点及统计规律,分析生态脆弱特征及时空分布规律,识别生态环境变化的主要影响因子。

　　(4) 从机理分析角度出发,构建生态水文模型。通过对不同情景下的模型模拟计算,预测各种人类活动对河流生态环境变化的影响,计算主要影响因子对生态环境变化的贡献率,确定导致研究区生态退化的关键因素。

　　(5) 采用层次指标体系方法,从河流生态系统自然功能和社会服务功能角度出发,构建河流生态健康评价指标体系。建立模糊物元可拓河流生态健康评价模型,诊断研究区河流生态系统的健康状况及演变过程。建立流域生态健康评价指标体系与评价模型,基于模糊数学法评价研究区子流域及流域行政区生态健康状况。

　　(6) 借鉴生态系统中生物体"健康"的免疫机理,结合生态系统的功能要求,建立河流生态系统健康预警模型。在对河流主要驱动力因子进行预测的基础上,对未来河流生态健康状况做出预测预警。同时,建立流域生态健康预警框架,对研究区流域生态健康状况进行预测。

　　根据本书研究内容以及研究方法和思路,拟定的技术路线如图 1.1 所示。

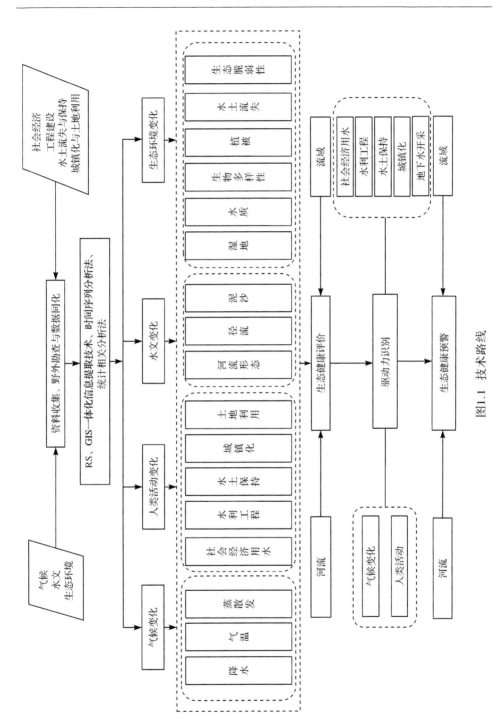

图1.1　技术路线

第2章　研究区概况

2.1　自然地理概况

2.1.1　地理位置

滦河流域位于 $39°10'N\sim42°30'N$，$115°30'E\sim119°15'E$，北起内蒙古高原，南临渤海，西界潮白河、蓟运河，东与辽河相邻。滦河流域总面积约为 $44750km^2$，其中，山区面积 $43940km^2$，占总面积的 98.2%；平原面积 $810km^2$，占总面积的 1.8%。按行政区划，内蒙古自治区流域面积为 $6950km^2$，占总面积的 15.5%，辽宁省流域面积为 $1580km^2$，占总面积的 3.5%；河北省流域面积为 $36220km^2$，占总面积的 81.0%[64]。

2.1.2　河流水系

滦河流域形状上宽下窄，上中游平均宽约 $100km$，滦县以下至入海口平均宽约 $20km$。滦河发源于河北省丰宁县西北巴彦图古尔山麓，流至郭家屯附近与小滦河汇合后称滦河，经承德到潘家口穿长城入冀东平原，至乐亭县南兜网铺入渤海。河流全长 $888km$，滦河水系呈羽状，两岸的支流都比较发育，干流基本居中，河流坡度陡。潘家口至罗家屯间河道弯曲，河谷一般宽约 $500m$，坡度约 $2‰$；罗家屯至滦县，河道曲度较小，河谷渐宽，平均宽约 $1000m$，坡度约 $1‰$；滦县以下的河流则进入平原，河槽宽约 $2000m$，坡度约 $0.25‰$[65]。沿途汇入的支流自上而下有黑风河、吐力根河、小滦河、兴洲河、伊逊河、不澄河、蚁蚂吐河、武烈河、老牛河、柳河、瀑河、潵河及青龙河等。

2.1.3　地形地貌

滦河流域地形差异大，地形总趋势由西北向东南倾斜，基本与河流流向一致。按地质条件、地貌形态和成因类型等划分为坝上高原、燕山山地、南部平原区三种地貌单元。

滦河流域多伦县以上为坝上高原，地势较高，海拔 $1300\sim1400m$，河道坡度约 $0.5‰$。多伦县以下流入高原山区过渡带，河道坡度陡增。郭家屯以下至潘家口河段穿行于燕山峡谷间，河道蜿蜒曲折，河谷宽 $200\sim300m$，河道坡度大，为 $1.7‰\sim$

3.33‰,燕山山地经过长期剥蚀、侵蚀,形态复杂,山势陡峻、丘陵密布、盆地交错,有许多断层和地堑,成为本区河流发育的基础。燕山山地西北部海拔 1000～1800m,东南部海拔降至 400～1000m,南部低山丘陵区海拔 50～600m,雾灵山为燕山山地主峰,海拔 2116m。潘家口水库以下河宽 200～500m,河床由卵石砂砾组成,过桑园峡谷进入迁安盆地,河谷展宽 1000m 以上,河谷中沙洲密布,冲淤现象严重。滦县京山铁路桥以下进入冀东平原区,于乐亭县南兜网铺注入渤海,河道两岸筑有堤防,河床为细泥沙质,河道冲淤及改道变化大,河道坡度约 0.33‰。南部平原区分山前冲洪积平原区和滨海平原区,地势平坦开阔。山前冲洪积平原海拔 5～50m,地层厚度 1000～2000m,自北向南微斜,坡度为 0.5‰～1‰;滨海平原区海拔在 5m 以下,是河流冲积和海潮、海啸的交互作用而形成的,地层厚度大于 2000m,地势低洼,地面坡度小于 0.5‰,有盐碱地和洼地草泊分布,在南堡及滦河入海口处,有明显的三角洲地貌形态。

2.1.4 水文与气候特征

滦河流域位于中纬度欧亚大陆东岸,南部平原为暖温带半湿润,北部山区为中温带(高原亚温带)半干旱大陆性季风气候区。冬季受西伯利亚大陆性气团控制,寒冷少雪;夏季受海洋性气团影响,比较湿润,昼夜温差大,降水量大,但是因受副热带高压的进退时间、强度、影响范围不同,流域内降水量变差较大。流域年平均气温由北向南、由山区向平原递增,年平均气温为 -1.4～10.6℃,年日照时数 2700～3200h。

降水量年际变化大,流域年平均降水量约为 561mm。降水量区域内分布受气候和地形影响,相差极大,高原地区年平均降水量达到 350～400mm,而在流域南部的长城沿线年平均降水量可达到 700～800mm。同时,降水量在年内分配也很不均匀,降水量主要集中在夏秋季节,6～9 月降水量占全年的 75%～85%,而冬春季节的 11 月至次年 4 月仅占 5%～10%。

2.1.5 土地利用与植被

滦河流域内主要的土地类型有森林、草地、农田和水体,其中森林和草地分别占流域面积的 40% 和 31%,其次是农田占流域面积的 24%。流域内城镇建设和农村居住用地面积较小,荒漠带约占 1.4%。流域森林覆盖率高,植被景观以草地为主。

流域内天然植被的分布情况是:内蒙古高原主要为旱生多年生草本,以艾蒿、披碱草为主。东北部高原主要为次生落叶阔叶林草原植被。乔木类植物为山杨、桦,灌木类植物为毛榛、胡枝子等。冀北山地区主要有四个植物带:分布在海拔 1700m 以上的山地草甸植被带;分布在 600m 以上的针阔混交林、灌木和草本植被带;分布在低山、丘陵地带的旱生阔叶林、灌木和草本植被带;分布在河流两岸的河谷地带的草本植被带。

2.1.6 水土流失现状

滦河流域山区面积 43940km², 水土流失面积 28565.53km², 占山区面积的65.01%, 其中轻度侵蚀面积 13379.04km², 占山区面积的 30.45%; 中度侵蚀面积12291.10km², 占山区面积的 27.97%; 强度侵蚀面积 2541.89km², 占山区面积的5.78%; 极强度侵蚀面积 353.50km², 占山区面积的 0.81%。滦河流域土壤侵蚀主要在坝上高原和中下游低山、丘陵区, 已在潘家口水库逐渐淤积并产生威胁。20 世纪 70 年代以来, 水土流失从面上和量上都急剧发展, 治理跟不上破坏。例如, 承德地区有六条较大流域在急剧发展, 80 年代与 70 年代相比, 土壤侵蚀量澈河增加 163%, 蚁蚂吐河增加 78%, 兴洲河增加 63%, 隆化县伊逊河增加44%, 围场县伊逊河增加 35%, 滦河干流增加 18%, 具体到局部, 其流失更为严重[66]。

2.2　水资源概况

滦河是海河流域重要的河流之一, 也是水量最丰富的一条河流。滦河流域主要流经内蒙古自治区、河北省和辽宁省, 涉及 7 个地级市(盟), 其中有三个重要城市:承德市、唐山市及秦皇岛市。流域内经济发展迅速、用水量大, 流域经济的发展对水资源的依赖性越来越强。

2.2.1　地表水资源

1. 径流年代际变化

根据滦河流域水文站点的分布情况, 滦县站控制了滦河流域 98% 以上的面积, 分析滦县站的径流过程可以在一定程度上反映出滦河流域的径流变化。

滦县站 1950～2010 年的径流资料以 10 年为一个年代, 分析得到的其年代际年平均径流量如图 2.1 所示。

从图 2.1 可以看出, 20 世纪 50～70 年代滦河年平均径流量都大于 1950～2010 年年平均径流量, 尤其是 50 年代, 年平均径流量几乎为 1950～2010 年年平均径流量的两倍。而 20 世纪 80、90 年代以及 21 世纪初年平均径流量都小于1950～2010 年年平均径流量, 21 世纪初年平均径流量仅为 1950～2010 年年平均径流量的 16%。可见, 滦河流域年径流有较明显的年代际特征。滦河流域从 20世纪 80 年代以来年平均径流量迅速减少, 流域经济和生态环境的可持续发展都

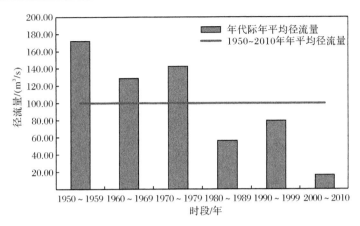

图 2.1　滦县站 1950～2010 年年代际年平均径流量

受到威胁。

2. 年径流变化幅度

滦县站 1950～2010 年年径流多年变化特征见表 2.1。对比分析 1979 年前后滦县站的年际变化可以看出,1980～2010 年滦县站年径流年际变化较 1950～1979 年大,1950～2010 年年径流变差系数 C_v 达到 0.78,说明滦县站受人类活动及气候等各方面因素影响很大。年径流年际变化剧烈,不利于水资源的有效利用和管理。

表 2.1　滦河流域滦县站年径流多年变化特征

时段	年平均径流量 /(m³/s)	C_v	极值比	最大年径流量			最小年径流量		
				年份	径流量 /(m³/s)	模比系数	年份	径流量 /(m³/s)	模比系数
1950～1979 年	147.18	0.90	7.53	1959	400.18	2.72	1968	53.17	0.36
1980～2010 年	53.26	0.67	17.61	1994	184.74	3.47	2001	10.49	0.20
1950～2010 年	99.45	0.78	38.15	1959	400.18	4.02	2001	10.49	0.11

3. 径流的年内变化

滦河流域属温带大陆性季风气候,夏季受大陆低压和副热带高压控制,降水量充沛,冬季受西伯利亚高压控制,雨雪稀少。1950～2010 年滦河流域径流年内变化特征见表 2.2。

由表 2.2 可以看出,滦县站径流年内变化极为不均,1950～2010 年夏季径流量占 60.5%,冬季只占 6.3%,春季也只占 11.4%。可见,天然径流量不能满足春季灌溉用水需求,影响农业经济发展。

表 2.2　1950~2010 年滦河流域径流年内变化特征

项目	春季			夏季			秋季			冬季		
	3 月	4 月	5 月	6 月	7 月	8 月	9 月	10 月	11 月	12 月	1 月	2 月
径流量 /(m³/s)	34.4	49.2	57.7	76.5	278.8	391.7	144.2	73.9	50.7	30.3	23.3	24.4
比例 /%	2.8	4.0	4.6	6.2	22.6	31.7	11.7	6.0	4.1	2.4	1.9	2.0
	11.4			60.5			21.8			6.3		

4. 径流汛期与非汛期特征

滦河流域的汛期主要集中在每年 6~9 月,汛期径流量较大,约占全年的 72.2%。同时,汛期内径流量主要集中在 7~9 月,这三个月径流量几乎占全年的 66%,1950~2010 年滦河流域年内汛期与非汛期径流量变化特征见表 2.3。

表 2.3　1950~2010 年滦河流域年内汛期与非汛期径流量变化特征

项目	汛期				非汛期							
	6 月	7 月	8 月	9 月	10 月	11 月	12 月	1 月	2 月	3 月	4 月	5 月
径流量 /(m³/s)	76.5	278.8	391.7	144.2	73.9	50.7	30.3	23.3	24.4	34.4	49.2	57.7
比例 /%	6.2	22.6	31.7	11.7	6.0	4.1	2.4	1.9	2.0	2.8	4.0	4.6
	72.2				27.8							

2.2.2　洪水

滦河流域内暴雨的地区分布规律大体与全年、全汛期降水量的分布一致。暴雨发生季节相对比较集中,主要发生在 7 月中、下旬到 8 月上、中旬,发生的暴雨多为长历时大范围的持续性降水,历时可达 30~40 天,笼罩面积有时几乎可达整个流域,这种暴雨一旦发生,极易造成全流域的大水灾。而在这些历时的降水过程中,常会有若干次短历时高强度局地性大暴雨,从而造成严重的洪水灾害和剧烈的土壤侵蚀。

洪水由暴雨产生,除干流和较大支流外,一般中下河道的洪水均暴涨暴落,历时为几小时到十几小时。干流下游河段一次洪水可达 5~7 天。由于内蒙古高原地势平坦且有大片沼泽,蓄水能力较强,故基流丰沛,变化缓慢,多数年份年最大径流量出现在融冰期。

2.3　社会经济概况

自 20 世纪 80 年代以来,滦河流域经济社会发展一直保持持续增长的趋势,1980～2007 年人口增长率呈下降趋势,2008 年以后人口增长率呈递增的趋势;1980～2010 年城镇人口从 173.79 万增加到 417.52 万,增加了 1.4 倍,城镇化率由 16.9% 增加到 31.1%;主要城市承德市、唐山市和秦皇岛市城镇化率分别由 15.1%、18.4% 和 15.0% 增加到 27.8%、32.1% 和 32.2%,年均增长率在 6% 以上,城镇化进程不断加快。

1980～2008 年,滦河流域的产业结构不断发生变化:第一产业所占比例不断下降,第三产业不断上升。三产结构从 32.1%、51.5%、16.4% 调整为 12.7%、55.0%、32.3%。经济增长方式从扩大生产规模、增加原材料消耗为主的粗放型逐渐向依靠科技进步、提高管理水平和资源利用效率的集约型转变,传统产业逐步向高新技术产业和新兴产业过渡,农业生产率不断提高。

第3章 气 候 变 化

近年来,温室气体的大量排放导致全球气温升高,气候变化已成为国际社会普遍关注的问题。气候变化的影响是多方位、多层次和多尺度的,不仅影响整个自然生态系统,而且影响我国的社会经济系统。一方面,气候变化必然引起水循环过程的改变,导致水资源在时空上的重新分配以及水资源数量的改变;另一方面,气候条件是生态系统最基本的生存要素之一,例如,温度、湿度和降水对生态类型有直接影响,气候变化间接或直接地影响区域生态系统和自然环境,而滦河流域地域广阔,属大陆季风性气候,分析流域气候变化特征将为流域水土资源的开发利用和生态环境保护提供科学依据。

3.1 基础数据和研究方法

3.1.1 基础数据

基础数据来自国家基本气象站、水文站和蒸发站。为了提高数据分析的精度,本书选择滦河流域内部和流域周边的 10 个气象站点的逐日数据,时间序列为 1956~2010 年,气象要素包括降水量、平均气温、最低气温和最高气温;实际蒸发量数据来自《海河流域水文年鉴》,时间序列为 1956~2010 年的逐月蒸发资料。各站点空间分布如图 3.1 所示。

3.1.2 研究方法

为了深入分析滦河流域的气候条件因子变化规律和特征,本书分别采用 Mann-Kendall 非参数检验方法、滑动 t 检验方法等多种方法对流域的降水量、气温、蒸发量等气象要素进行分析。

1. Mann-Kendall 非参数检验方法

Mann-Kendall 非参数检验方法常用于水质、径流量、温度、降水量等水文气象时间序列变化趋势的显著性检验[67],主要是通过计算统计量 τ、方差 σ_τ^2 和标准化变量 M,来判断时间序列变化趋势是否显著。计算公式如下:

$$M = \frac{\tau}{\sigma_\tau}$$

(3.1)

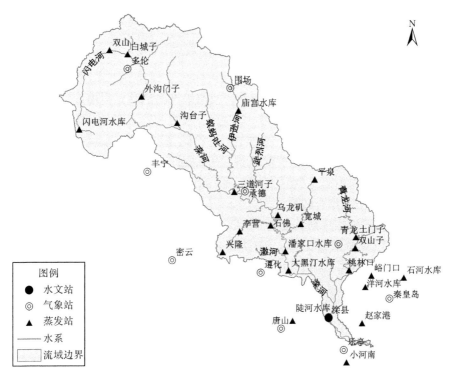

图 3.1 滦河流域气象站、水文站和蒸发站空间分布

其中

$$\tau = \frac{4S}{N(N-1)} - 1 \tag{3.2}$$

$$\sigma_\tau^2 = \frac{2(2N+5)}{9N(N-1)} \tag{3.3}$$

式中,S 为序列所有对偶观测值 $(X_i, X_j, i<j)$ 中 $R_i<R_j$ 出现的次数;N 为序列长度,本书取 $\alpha=0.05$ 的显著性水平,如果一时间序列在此置信水平下存在显著变化趋势,则 $|M|>M_{\frac{\alpha}{2}}=1.96$,$M$ 值为正,表明具有上升或增加趋势;M 值为负,则意味着下降或减少的趋势。

2. 滑动 t 检验方法

本书对气象要素的研究采用滑动 t 检验方法来检测其变异年份。t 检验是通过估计两个子序列的均值在统计上的差异来进行检验的,其计算公式如下:

$$t = \frac{\overline{x_1} - \overline{x_2}}{s\sqrt{\frac{1}{n_1} + \frac{1}{n_2}}} \tag{3.4}$$

其中

$$s = \sqrt{\frac{n_1 s_1^2 + n_2 s_2^2}{n_1 + n_2 - 2}} \qquad (3.5)$$

式中，$\overline{x_i}$、s_i 和 n_i 分别为两个子样本的均值、标准差和长度。式(3.4)中分子是两个子序列均值的差值，分母是样本变异性或离散性的估计。自由度为 $n_1 + n_2 - 2$。第一个子样本的均值小于第二个时，t 值为负，反之为正。滑动 t 检验是从正态母体中选择相邻的两个固定长度的子样进行 t 检验，然后依次向后滑动，最后取最佳变异点。此种方法相对于 t 检验的改进之处就在于，它可以对序列中的多个变异点进行估计，也可以由第一变异点的性质（正负）估计整个序列的主要趋势，且估计的结果与实际情况吻合较好。

本书中，设子样本序列长度为 10，显著性水平 $\alpha = 0.05$，临界 t 值 $t_a = 2.1$。如果计算所得的 t 值绝对值 $|t| > t_a$，则认为此变异点在显著性水平 α 上为显著变异点，正的 t 值代表这是一个下降或减少趋势的变异点；反之，则为一个上升或增加趋势的变异点。

3.2　降　　水

3.2.1　降水量的时空分布

降水量是衡量一个地区降水多少的指标，降水量的多少直接影响该地区植被的生长和生态环境的变化。

滦河流域多年平均降水量为 561mm，属于海河流域降水较丰沛的地区。从 1956～2010 年降水量时间序列上来看（图 3.2），滦河流域降水丰枯交替，并且有逐年下降的趋势。降水的时空分布极不均匀，具有明显的地区性、季节性和年际差异。年内降水主要集中在夏季（图 3.3），6～8 月平均降水量之和高达 446mm，占年降水总量的 73%，年内最大月降水量（7 月高达 201mm）是最小月降水量（1 月为 1.7mm）的 118 倍。年降水量平均变差系数为 2.63。

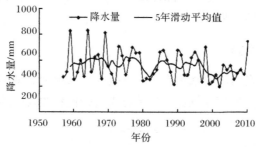

图 3.2　1956～2010 年滦河流域降水量时间序列图

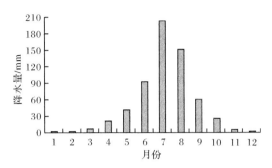

图 3.3　1956~2010 年滦河流域月平均降水量

　　滦河流域降水量空间分布极不均匀,区域差异性明显。从降水量空间分布上看(图 3.4),整体呈现东南高、西北低的趋势。其中,多伦以西地区最低,只有 400mm 左右;承德地区降水量逐渐增大;再往东南部的青龙等地则较高,年降水量超过 660mm。

3.2.2　降水量的变化趋势

　　为了检验降水量变化趋势的显著性,采用 Mann-Kendall 检验进行分析。根

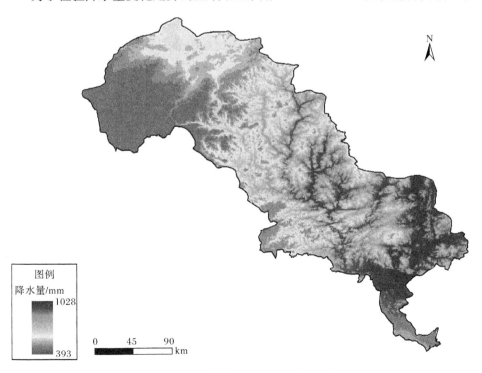

图 3.4　滦河流域多年平均降水量空间分布

据 Mann-Kendall 检验的原理,Mann-Kendall 检验值的绝对值大于 1.96,即认为通过了置信度为 95%($\alpha=0.05$)的显著性检验。对滦河流域多年降水量进行 Mann-Kendall 检验发现,统计量值为 -0.97,因此滦河流域多年降水量呈现一定的下降趋势,但是没有通过显著性检验,降水量下降趋势并不显著。

3.2.3　降水量的突变分析

为了研究滦河流域的降水量突变规律,本书采用滑动 t 检验方法对研究区 1956~2010 年的降水量进行突变分析($n=10$)。从滦河流域降水量突变情况统计结果看(图 3.5),在 1999 年滑动 t 检验值达到了最大值 2.53,超过了临界值 2.1,因此滦河流域降水量突变发生在 1999 年,并且为骤降突变。

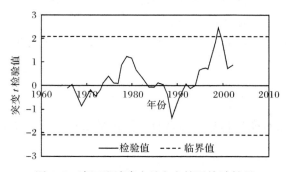

图 3.5　滦河流域降水量突变情况统计结果

3.3　气　　温

3.3.1　气温的时空分布

气温的变化趋势是气候变化检测研究中的一个核心问题。近百年来,全球气温的显著上升已经成为不争的事实,我国气温的总体变化趋势与全球变化一致。1956~2010 年,滦河流域多年平均气温为 8.07℃。从滦河流域平均气温时间序列图上来看(图 3.6),1957 年平均气温最低,只有 6.2℃,1998 年达到最高值 9.4℃。滦河流域气温明显上升,尤其是 1985 年以后,上升趋势非常明显,1985 年以前平均气温为 7.6℃,1985 年以后平均气温则升至 8.6℃,平均气温上升了 1.0℃。

滦河流域多年平均气温空间分布如图 3.7 所示。从空间分布上来看,滦河流域多年平均气温为 1~9℃,并存在西北低、东南高的趋势。西北部的多伦等地区多为 1~2℃,部分地区小于 1℃,向东南部地区气温逐渐升高,青龙和遵化以南地区最高可达 10℃。

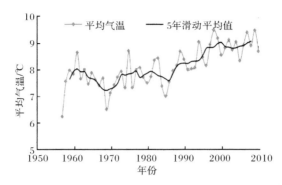

图 3.6　1956~2010 年滦河流域平均气温时间序列图

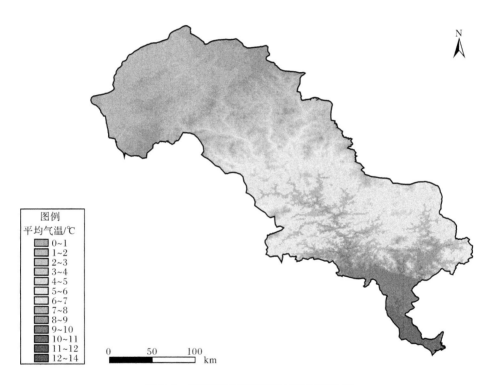

图 3.7　滦河流域多年平均气温空间分布

3.3.2　气温的变化趋势

对 1956~2010 年的气温时间序列进行 Mann-Kendall 检验发现,滦河流域平均气温、最低气温和最高气温的 Mann-Kendall 统计量值分别为 6.28、4.15、5.05,均通过显著性检验,因此滦河流域平均气温、最低气温和最高气温均呈现上升趋势,并且上升趋势显著,其中平均气温上升速率为 0.4℃/10a。

对流域各站点气温进行 Mann-Kendall 检验发现(图 3.8),滦河流域大部分站点在平均气温、最低气温和最高气温上均呈上升趋势,且上升趋势多通过了 95%的显著性检验,趋势显著。只有丰宁、围场和承德地区存在下降趋势,其中丰宁站最低气温的下降趋势显著。从倾斜度上来看,滦河流域平均气温上升速率多为 0.35℃/10a,其中密云站上升速率最高,达 0.97℃/10a。

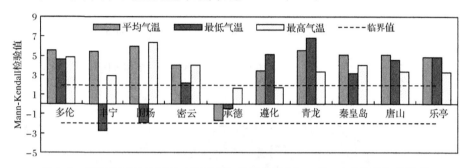

图 3.8　滦河流域平均气温、最低气温、最高气温 Mann-Kendall 趋势检验结果

3.3.3　气温的突变分析

气温的突变是极端气候事件的一个重要信号。通过对平均气温进行滑动 t 检验分析发现(图 3.9),滦河流域有三个时间点气温存在突变,分别是 1971 年、1987年和 1993 年,并且结果均显示为平均气温短时间内激增,这与平均气温的升高趋势检验结果是一致的。

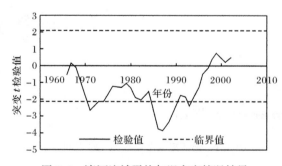

图 3.9　滦河流域平均气温突变情况结果

3.3.4　温差变化特征

从最低气温和最高气温的 Mann-Kendall 趋势分析中可以发现,最低气温多存在上升趋势,最高气温多存在下降趋势。通过分析最高气温和最低气温之间的

差,并进行趋势分析发现(图 3.10),滦河流域的丰宁、围场和密云等地温差上升趋势显著,多伦、遵化、青龙、唐山和乐亭温差的下降趋势显著。

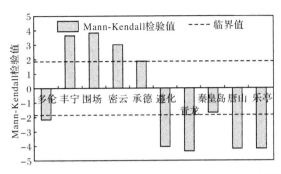

图 3.10 滦河流域气温温差变化趋势 Mann-Kendall 检验结果

3.4 蒸 散 发

滦河流域内共有蒸发站 39 个,对水面蒸发情况进行逐日监测。主要蒸发站位置分布如图 3.1 所示。

考虑流域上中下游关系和站点的地理位置分布情况,选择庙宫水库站、沟台子站、滦县站、潘家口水库站、桃林口站、闪电河水库站和三道河子站为实例,来分析滦河流域水面蒸发量的变化。

滦河流域上述 7 个监测站中,沟台子站多年平均蒸发量为 1245.92mm,其中 20 世纪 50 年代多年平均蒸发量最大,为 1498.40mm,其次是 1970~1985 年,1985~1992 年明显降低,但不存在随时间显著减少的趋势。其他 6 个监测站水面蒸发量均随时间下降。闪电河水库站位于滦河流域上游,多年平均蒸发量为 1647.46mm,70 年代以前明显高于 70 年代以后,50 年代多年平均蒸发量为 1960.35mm,60 年代多年平均蒸发量为 2272.50mm,21 世纪初多年平均蒸发量只有 1301.38mm;沟台子站、庙宫水库站和三道河子站位于滦河流域中游,多年平均蒸发量分别为 1245.92mm、1027.61mm 和 1183.49mm;潘家口水库站、桃林口站和滦县站位于滦河流域的下游,三站均具有的特点是 1965 年以前多年平均蒸发量高于 1965 年以后,其中桃林口站蒸发量下降趋势非常明显,由 50 年代的 2081.43mm 下降到 21 世纪初的 920.13mm。滦河流域各年代多年平均蒸发量变化见表 3.1。

表 3.1　滦河流域 7 个监测站各年代多年平均蒸发量变化　（单位：mm）

站名	20 世纪 50 年代	20 世纪 60 年代	20 世纪 70 年代	20 世纪 80 年代	20 世纪 90 年代	21 世纪初	平均值
沟台子站	1498.40	1307.68	1340.65	1298.43	1095.60	1100.75	1245.92
滦县站	1544.33	1446.08	1228.67	1289.63	1171.50	1033.38	1252.79
庙宫水库站	—	1292.50	1034.06	1003.16	861.50	954.15	1027.61
潘家口水库站	1352.70	1271.11	1099.63	990.46	995.70	1055.55	1101.65
三道河子站	1574.95	1570.61	1286.25	1135.44	858.25	935.15	1183.49
闪电河水库站	1960.35	2272.50	1762.14	1569.86	1240.85	1301.38	1647.46
桃林口站	2081.43	1349.85	1312.26	1148.52	1037.45	920.13	1216.81

3.5　小　　结

从变化趋势、突变分析等几个方面分析了 1956～2010 年滦河流域降水量、气温和蒸发量的变化特征，为分析研究区的气候变化规律奠定了基础。

（1）1956～2010 年，滦河流域多年平均降水量为 561mm，降水的年内分配差异性较大，降水量主要集中在 6～8 月。1956～2010 年降水丰枯交替，1980 年以前，年降水量较大，近年来有逐年下降的趋势。降水的空间分布极不均匀，整体呈现东南高、西北低的趋势。降水在 1999 年发生突变转折。

（2）1956～2010 年，滦河流域多年平均气温为 8.07℃。空间上存在西北低、东南高的趋势。滦河流域平均气温、最低气温和最高气温均呈现显著上升的趋势。平均气温的突变转折主要发生在三个时间：1971 年、1987 年和 1993 年；并且多地气温温差不断下降。

（3）1956～2010 年，滦河流域水面蒸发呈现一定的下降趋势。

第4章　人类活动变化

人类活动是影响生态环境发展、演化与逆转过程的一个关键因素,并逐步成为生态环境演变的主要驱动力之一。随着人口的增加和社会经济的发展,为了满足人类生存和社会经济发展的需要,滦河流域生态环境受到严重破坏。分析流域人类活动变化,有助于识别滦河流域生态环境变化的驱动力,对于改善流域生态环境,保障流域社会经济可持续发展,促进和谐社会建设具有重要意义。

4.1　基础数据和研究方法

4.1.1　基础数据

(1) 现有的社会经济数据主要包括:按照水资源分区统计,1980 年、1985 年、1990 年、1995 年、2000 年、2005 年、2010 年的人口、GDP、耕地面积等。

(2) 各年用水量数据。按照水资源分区统计,1980 年、1985 年、1990 年、1995 年、2000 年、2005 年、2010 年的生活用水量、工业用水量、农田灌溉用水量等。

(3) 水土保持数据来源于有关水土流失综合治理、水土保持规划、水土保持情况普查等资料,并统计各个时段的水土保持现存数、水土流失综合治理面积。

(4) 城镇化数据来源于 1985～2010 年《中国城市统计年鉴》。

(5) 用于土地利用分析的原始资料有滦河流域 20 世纪 80 年代、90 年代和 21 世纪初的遥感影像图,数据源来自"GEF 海河流域水资源与水环境综合管理项目"MODIS 影像数据以及国际科学共享服务平台的 TM 影像数据。

4.1.2　研究方法

时间序列法是指将社会经济指标中某一指标的统计值,按其出现时间的先后次序,且间隔时间相同而排列得到一列数值,并分析其规律的方法。时间序列趋势分析是在某一时刻 t 的随机观察值 y_t 构成的期望值数列 $E(y_t)$ 在整体时间范围内的变化,$E(y_t)=f(\beta_0,\beta_1,\cdots,t)$,其中 $f(\beta_0,\beta_1,\cdots,t)$ 在研究的时间范围内显著呈现上升或下降的趋势。常见的时间序列趋势分析模型有线性回归、二次滑动平均、一次平滑等。

4.2　社会经济用水

4.2.1　供水量的变化情况

滦河流域水资源主要来自地表水和地下水取水,另有少量的其他水源供水。1980～2010 年滦河流域供水量示意图如图 4.1 所示。

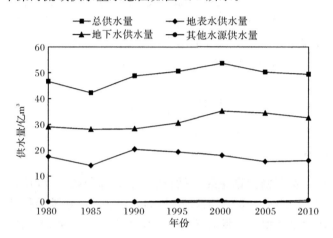

图 4.1　1980～2010 年滦河流域供水量示意图

由图 4.1 可知,滦河总供水量由 1980 年的 46.6 亿 m³ 降为 1985 年的 42.22 亿 m³,再增加到 2000 年的 53.14 亿 m³,2000 年后供水量有所回落,2010 年供水量为48.66 亿 m³。分水源看,1980～2010 年,滦河以地下水供水为主,且总体呈一定的上升趋势,而地表水供水量则总体呈下降的趋势,由于引滦工程引水量增加,地表水供水量在 20 世纪 90 年代达到峰值,之后又呈下降趋势。据统计,滦河多年平均地下水供水量达 31.22 亿 m³,占多年平均总供水量的 64.03%;多年平均地表水供水量 17.29 亿 m³,占多年平均总供水量的 35.46%;多年平均其他水源供水量0.25 亿 m³,占多年平均总供水量的 0.51%。

4.2.2　用水量的变化情况

滦河流域多年平均总用水量 42.83 亿 m³,其中生活用水量 3.98 亿 m³,工业用水量 5.38 亿 m³,农田灌溉用水量 32.24 亿 m³,林牧渔用水量 1.23 亿 m³,分别占总用水量的 9.29%、12.56%、75.28%、2.87%。图 4.2 为 1980～2010 年滦河流域各行业用水量。

从图 4.2 可以看出,农田灌溉用水是用水总量的主要支出部分,超过用水总

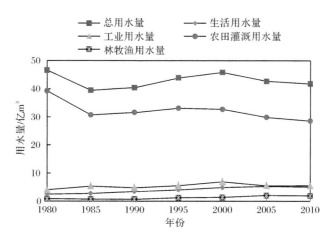

图 4.2　1980～2010 年滦河流域各行业用水量

量的 50%,且农田灌溉用水量总体和总用水量的变化趋势基本一致。工业用水和生活用水总量相对较小,农田灌溉用水和工业用水在 1985 年以后均出现了先增加后降低的趋势。分析认为,出现这种变化趋势的原因与研究区产业结构的调整和优化有关。20 世纪 80 年代以来经济增长方式从扩大生产规模、增加原材料消耗为主的粗放型,逐渐向依靠科技进步、提高管理水平和资源利用效率的集约型转变,传统产业逐步向高新技术产业和新兴产业过渡,农业生产率不断提高,因此,水资源消耗量并没有明显增加。另外,流域的林牧渔用水量呈微弱的增加趋势。

4.3　水　利　工　程

滦河流域第一次修建水利工程高潮出现在 20 世纪 50～60 年代。根据《海河流域规划(草案)》(1957 年)安排,1958～1963 年,滦河流域山区建成 17 座小型水库。

截至 2010 年底,滦河流域已建成大型水库 4 座,分别是庙宫水库、潘家口水库、大黑汀水库和桃林口水库,总库容 43.09 亿 m³;中型水库 11 座,总库容 3.0943 亿 m³;小型水库 498 座,总库容 3.1562 亿 m³;塘坝 366 座,蓄水能力 0.0782 亿 m³。

滦河流域大中型水库工程指标统计见表 4.1。按建成时间统计滦河流域水库工程的总库容,水库总库容与水库建成蓄水时间的关系曲线如图 4.3 所示。由表 4.1 和图 4.3 可知,滦河流域大规模的水利工程建设主要出现在 20 世纪 70～90 年代,期间在主要山区河流修建了 3 座大型水库、7 座中型水库和 473 座小型水库。

表 4.1　滦河流域大中型水库工程指标统计

序号	水库	所属河流	所在地	类型	控制面积/km²	总库容/亿 m³	建成蓄水时间/年
1	闪电河	闪电河	沽源县	中型	890	0.4260	1958
2	窟窿山	牤牛河	滦平县	中型	130	0.1240	1958
3	庙宫	伊逊河	围场县	大型	2400	1.8300	1959
4	钓鱼台	不澄河	围场县	中型	160	0.1320	1969
5	水胡同	青龙河	青龙县	中型	100	0.4042	1969
6	大庆	瀑河	平泉县	中型	82	0.1350	1975
7	房管营	朱家河	迁西县	中型	25	0.1054	1978
8	黄土梁	兴洲河	丰宁县	中型	324	0.2830	1979
9	潘家口	滦河	迁西县	大型	33700	29.3000	1979
10	老虎沟	横河	兴隆县	中型	338	0.1220	1980
11	三旗杆	青龙河	宽城县	中型	48	0.1087	1980
12	大黑汀	滦河	迁西县	大型	35100	3.3700	1986
13	大河口	滦河	多伦县	中型	8329	0.2600	1996
14	西山湾	滦河	多伦县	中型	8999	0.9940	1997
15	桃林口	青龙河	青龙县	大型	5060	8.5900	1998

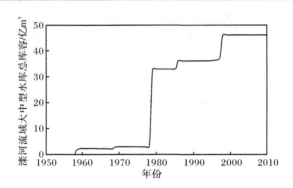

图 4.3　滦河流域各年代大中型水库总库容

4.4　水土保持

4.4.1　水土保持发展变化

　　滦河流域历史上曾是一个森林繁茂、禽兽密集、牧草丰盛、牛羊成群的好地方。1681 年,清康熙皇帝在滦河上游设立木兰围场,以后每年举行秋猎,延续达100 多年。1862 年开围,从此,大量毁林开荒,生态环境日渐破坏。清末民初,军阀混战,致使原始森林荡然无存,以后山场进一步破坏,天然次生林面积也日趋减小,到 1949 年初期,全流域残存林地面积仅 200 多万亩(1 亩＝666.7m²),森林覆盖率约 5%。

　　新中国成立以后,广大人民群众在党和政府的领导下,积极兴修治山治水工程,通过植树造林、封山育林、闸沟垫地、修筑塘坝谷坊等,进行了大规模的水土保持工作。60 多年间,滦河上游山地的土壤侵蚀趋向总体看来是坝上高原和中北部土石山区呈发展态势,其中以伊逊河支流蚂蚂吐河和主要流经坝上高原的小滦河最为严重。按 10 年系列计算的实测径流、泥沙均值进行比较,20 世纪 80 年代较50 年代和 60 年代河道含沙量增加 1 倍以上。如果发生类似 50 年代和 60 年代的降水,则侵蚀量也必然会成倍增加,对此应予以注意和重视。南部石质山区各地则呈明显的好转趋势,除自然条件优于北部外,水土保持工作所发挥的效应也是重要的。

　　1. 20 世纪 80 年代水土保持状况

　　20 世纪 70 年代以后,滦河上游水土保持工作开始步入正轨。广大人民群众在党和政府领导下,积极贯彻执行《水土保持工作条例》,坚持“防治并重,治管结合,因地制宜,全面规划,综合治理,除害兴利”的水土保持工作方针,开展以小流域为单元的综合治理,兴修治山治水工程,通过植树造林、封山育林、闸沟垫地、打坝淤滩、修筑塘坝谷坊等措施,进行了大规模的水土保持工作,取得了明显的经济效益、社会效益和生态效益。

　　截至 1989 年,保存的各种人工林 4691.33km^2,人工草地 202.27km^2,水平梯田 178.20km^2,水浇地 479.07km^2;基本农田达到 4784.53km^2,人均 0.78 亩,为当时耕地面积的 1/3。此外,还修建了大中小型水库 70 余座,塘坝 350 多座,总库容 3.05 亿 m^3;坡面拦蓄工程措施覆盖面积 20 余万亩;各项水土保持工程累计保存面积 5677.8km^2。这些工程在减轻土壤侵蚀、改善生态环境和生产条件方面都发挥了显著作用。

　　2. 20 世纪 90 年代水土保持状况

　　1990 年底,国家计划委员会和水利部考虑到流域内的滦河潘家口水库上游及于桥水库周边水土流失严重,制约当地经济发展,并直接影响天津、唐山等重要地区的工农业及人民生活用水。因此,将该地区列入国家水土保持重点治理区,从1991 年起开展重点治理。治理区总面积为 36059km^2,水土流失面积 21649km^2,涉及 16 个县(旗、区)的 130 条小流域。截至 1998 年底,累计完成治理面积 3307.6km^2,初步改善了生态环境,提高了人们的生活水平。

　　据有关统计资料,截至 2003 年,滦河及冀东小河流域共治理水土流失面积 19887km^2,占水土流失面积的 74.89%,其中,营造基本农田 2113km^2,水土保持林 6134km^2,经济林 1854km^2,人工改良草地 8093km^2,封育治理 1693km^2。此外,还修建了塘坝等小型蓄水工程 13.23 万座,这些工程在减轻土壤侵蚀,改善生态环境和生产条件方面都发挥了显著作用。

3. 21 世纪初期水土保持状况

进入 21 世纪以来,滦河流域相继实施中央财政预算内专项资金水土保持项目、京津风沙源治理工程、21 世纪初期首都水资源可持续利用规划水土保持项目等一大批国家、省水土保持重点工程项目。

根据第一次全国水利普查水土保持情况普查结果,截至 2011 年底,滦河流域存有水土保持措施总面积约为 13948.19km²,其中,梯田 1130.16km²、坝地 26.81km²、其他基本农田 173.74km²、乔木林 5310.51km²、灌木林 2663.91km²、种草 471.57km²、经济林 1962.59km²、封禁治理 2195.69km²、其他措施 13.21km²。

4.4.2　水土保持时空分布特征

将滦河流域各县级行政区水土保持措施面积占土地面积的百分比,按 0、≤20%、20%~40%、40%~60%、60%~80%、80%~100%分为 6 级(0 缺少措施统计的区域,基本上位于平原区),在流域行政区划图上用颜色深浅来表示流域水土保持措施的分布情况,如图 4.4 所示。

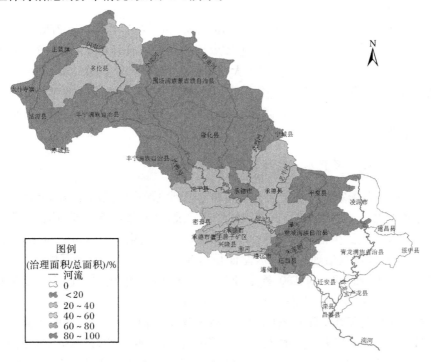

(a) 1989 年

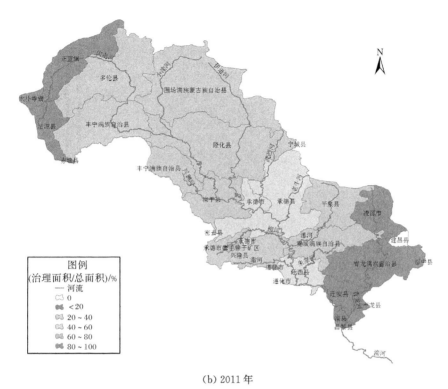

(b) 2011 年

图 4.4　滦河流域 1989 年和 2011 年县级水土保持措施面积比例分级图

图(a)数据来源于滦河潘家口水库上游水土保持重点防治区 1989 年县级水土保持措施面积；

图(b)来源于 2011 年滦河流域水土保持措施普查的数据

由图 4.4 可以看出,从 1989 年到 2011 年,滦河流域的水土保持措施覆盖面积比例明显增加。在潘家口水库—大黑汀水库周边区域,经过多年水土保持工作,治理措施面积比例超过 60%,其他大部分区域治理措施面积比例也由≤20%增加到20%～40%。

4.5　城　镇　化

城镇化水平用建成区面积的大小来衡量,对 1985～2010 年滦河流域的建成区面积进行统计分析,确定建成区面积变化的趋势,采用有序聚类法确定建成区面积变化的突变年份,并通过滑动 t 检验方法验证突变年份的显著性。1985～2010 年滦河流域各年份的建成区面积趋势如图 4.5 所示。

由图 4.5 可知,滦河流域建成区面积明显呈上升趋势,流域建成区面积离差平方和在 2003 年达到最小值,且突变年份较为显著,因此认为 2003 年以后滦河流域城镇化进程明显加快。

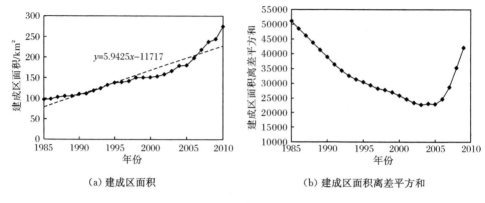

（a）建成区面积　　　　　　　　　　（b）建成区面积离差平方和

图 4.5　1985～2010 年滦河流域建成区面积趋势

4.6　土地利用变化

4.6.1　土地利用的分类处理

根据研究需要以及遥感影像光谱特征,参考最新颁布的国家标准《土地利用现状分类》(GB/T 21010—2017),将研究区土地利用景观类型分为六大类,分别为耕地、林地、草地、水域、建设用地和未利用土地,见表 4.2。

表 4.2　滦河流域土地利用景观分类

分类	含义
耕地	指种植农作物的土地,包括水田和旱地,即用于种植水生农作物和旱生农作物的耕地
林地	指生长乔木、竹类、灌木的土地,以及沿海生长红树林的土地,包括迹地,不包括居民点内部的绿化林木用地,铁路、公路征地范围内的林木,以及河流、沟渠的护堤林
草地	指生长草本植物为主的土地
水域	指陆地水域,海涂,沟渠、水工建筑物等用地,不包括滞洪区和已垦滩涂中的耕地、园地、林地、居民点、道路等用地
建设用地	指城乡居民点、独立居民点以及居民点以外的工矿、国防、名胜古迹等企事业单位用地,包括其内部交通、绿化用地
未利用土地	指上述地类以外其他类型的土地

根据上述土地利用景观分类,将研究区 20 世纪 80 年代、90 年代和 21 世纪初的遥感影像进行预处理后,在 ArcGIS 9.3 环境下进行土地类型的分类与合并,如图 4.6～图 4.8 所示。

使用 ArcGIS 9.3 相关功能对各类土地利用景观类型进行统计分析处理可

知,20 世纪 80 年代滦河流域耕地类型占 23.43%,林地类型占 38.51%,草地类型占 31.72%,水域类型占 1.71%,建设用地类型占 1.45%,未利用土地占 3.18%。

20 世纪 90 年代滦河流域耕地类型占 22.60%,林地类型占46.63%,草地类型占 26.36%,水域类型占 1.21%,建设用地类型占 1.47%,未利用土地占 1.73%。

21 世纪初滦河流域耕地类型占 23.13%,林地类型占 48.11%,草地类型占 24.32%,水域类型占 1.20%,建设用地类型占 1.62%,未利用土地占 1.62%。

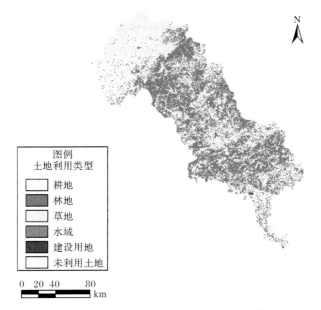

图 4.6　20 世纪 80 年代滦河流域土地利用

4.6.2　土地利用动态度的计算

土地利用动态度是研究一定时间范围内某种土地利用类型数量变化速率的指标,对于土地利用变化的区域差异对比以及变化趋势预测都具有一定的参考作用,其公式如下:

$$K = \frac{U_b - U_a}{U_a} \times \frac{1}{T} \times 100\%　　　　　（4.1）$$

式中,K 为一定时间范围内某一土地利用类型动态度;U_a 和 U_b 分别为起止时间某一土地利用类型数量;T 为研究时长。

表 4.3 为滦河流域土地利用动态度计算结果。为了直观地看到研究区各土地利用类型的变化情况,图 4.9 给出了不同时段研究区土地利用类型的面积柱状图。

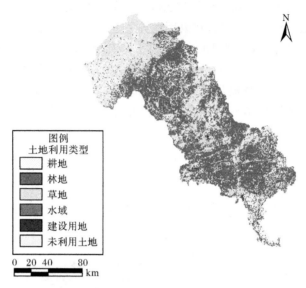

图 4.7　20 世纪 90 年代滦河流域土地利用

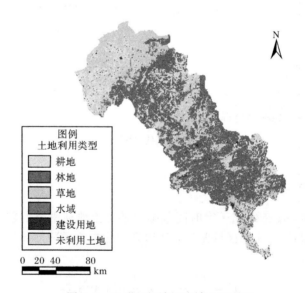

图 4.8　21 世纪初滦河流域土地利用

　　由土地利用动态度计算结果可知,20 世纪 80 年代~21 世纪初滦河流域六种土地利用类型都发生了一定程度的变化。20 多年中滦河流域耕地面积先减小后增大,林地及建设用地面积持续增加,草地、水域和未利用土地面积则相应减小,相对于 20 世纪 80~90 年代,20 世纪 90 年代~21 世纪初变化速率减小。滦河流域土地利用动态度计算结果,反映出流域城镇化进程在逐渐加快的同时,生态环境的结构也在不断改变。

表 4.3　滦河流域土地利用动态度计算结果

土地利用类型	景观面积/km²			动态度/%	景观面积/km²			动态度/%
	20 世纪 80 年代	20 世纪 90 年代	面积变化		20 世纪 90 年代	21 世纪初	面积变化	
耕地	10325	9960	−365	−0.35	9960	10195	235	0.24
林地	16974	20555	3581	2.11	20555	21205	650	0.32
草地	13979	11620	−2359	−1.69	11620	10719	−901	−0.78
水域	755	531	−224	−2.97	531	530	−1	−0.02
建设用地	641	650	9	0.14	650	714	64	0.98
未利用土地	1403	761	−642	−4.58	761	714	−47	−0.62

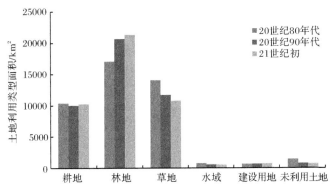

图 4.9　滦河流域土地利用类型面积柱状图

4.6.3　土地利用的变化规律分析

本书采用最新的 IDRISI 17 版软件,即 IDRISI Selva,对土地利用变化趋势进行模拟,该版本包括对土地利用变化模型(land change modeler,LCM)的重大修改,以支持减少森林采伐和退化造成的排放项目(Reducing Emissions from Deforestation and Forest Degradation,REDD),允许对森林采伐的大气影响进行评估。Selva 同时还包含对 IDRISI 显示系统较大的功能增强,包括图像金字塔显示以及对大型图像的支持。

在 ArcGIS 中对 20 世纪 80 年代、90 年代和 21 世纪初三期土地利用图处理后的数据,不能直接在 IDRISI 软件 CA-Markov 模型中使用,因此首先通过 ArcView 3.3 将滦河流域三期的土地利用景观分类图进行栅格化处理,生成分辨率为 1000m×1000m 的数据文件,然后转换成 IDRISI 可以导入的 ASCII 文件。

　　将不同时期的土地利用图叠合相减,求得该时期土地类型转化的数据,构造出土地利用转移矩阵。本书分别利用20世纪80~90年代、20世纪90年代~21世纪初和20世纪80年代~21世纪初的土地利用状况变更数据进行土地利用转移矩阵的构造。不仅可以反映研究初期、研究末期的土地利用类型结构,还可以反映研究时段内各土地利用类型的转移变化情况,便于了解研究初期各类型土地的变化去向,以及研究末期各土地利用类型的来源与构成。

　　以20世纪80~90年代滦河流域土地利用变化分析为例,首先利用IDRISI软件的Markov模型,将80年代与90年代两期的图像导入,设置其时间间隔,向前预测时间步长设置为10,背景栅格单元值选择为0.0,相对误差设置为0.15,然后进行模型计算,得到土地利用净转移矩阵,见表4.4。同理,20世纪90年代~21世纪初、20世纪80年代~21世纪初滦河流域土地利用净转移矩阵见表4.5和表4.6。

表 4.4　20 世纪 80~90 年代滦河流域土地利用净转移矩阵　　　（单位:km^2）

净转移矩阵		20 世纪 90 年代					
		耕地	林地	草地	水域	建设用地	未利用土地
20 世纪 80 年代	耕地	—	727	76	—	41	—
	林地	—	—	—	—	—	—
	草地	—	2669	—	—	21	—
	水域	35	175	7	—	—	—
	建设用地	—	57	—	9	—	—
	未利用土地	241	47	338	3	13	—

表 4.5　20 世纪 90 年代~21 世纪初滦河流域土地利用净转移矩阵　　　（单位:km^2）

净转移矩阵		21 世纪初					
		耕地	林地	草地	水域	建设用地	未利用土地
20 世纪 90 年代	耕地	—	—	—	10	33	21
	林地	85	—	—	—	—	—
	草地	351	549	—	4	16	—
	水域	—	21	—	—	—	9
	建设用地	—	10	—	5	—	—
	未利用土地	—	6	57	—	7	—

表 4.6　20 世纪 80 年代～21 世纪初滦河流域土地利用净转移矩阵　　（单位：km²）

净转移矩阵		21 世纪初					
		耕地	林地	草地	水域	建设用地	未利用土地
20 世纪 80 年代	耕地	—	644	—	—	58	—
	林地	—	—	—	—	—	—
	草地	265	3265	—	—	24	—
	水域	34	166	19	—	—	2
	建设用地	—	50	—	5	—	—
	未利用土地	208	50	402	—	24	—

由研究区土地利用净转移矩阵计算结果可知，20 世纪 80 年代～21 世纪初滦河流域耕地面积减少，主要转化为林地，少量转化为建设用地，其中 20 世纪 80～90 年代耕地净转出量较大，而 20 世纪 90 年代～21 世纪初部分草地和林地又转化为耕地；林地面积没有净转出量，说明林地正在逐年增加；草地面积减少，主要转化为林地，少量转化为建设用地和耕地；水域面积减少，主要转化为林地和耕地，净转移面积分别为 166km² 和 34km²；未利用土地逐步被开发利用，持续减少，净转化为草地的面积最大。

4.7　小　　结

通过对滦河流域社会经济用水、水利工程建设、水土保持、城镇化以及土地利用等人类活动因子的变化规律分析，得到以下结论：

（1）1980～2010 年，滦河以地下水供水为主，且总体呈一定的上升趋势，地表水供水量则呈总体下降的趋势。在总用水量中，农田灌溉用水占主要支出部分，且农田灌溉用水量总体和总用水量的变化趋势基本一致，工业用水和生活用水总量相对较小，基本保持匀速增长。

（2）滦河流域大规模的水利工程建设主要出现在 20 世纪 70～90 年代。

（3）通过总结滦河流域三个时期水土流失治理成效，表明滦河流域水土流失综合治理主要采取营造林地、修建基本农田、改良草地、封育治理等措施，大量治理措施的实施，直接导致区域土地利用结构和植被覆盖的变化；研究区水土保持措施覆盖面积正在逐步扩大；水土保持措施保存率低，水土流失治理度偏低。

（4）滦河流域城镇化面积呈现明显上升趋势。

（5）滦河流域耕地面积先减小后增大，林地及建设用地面积持续增加，草地、水域和未利用土地面积则相应减小，研究区土地利用动态度计算结果，反映出流域城镇化进程在逐渐加快的同时，生态环境的结构也在不断改变。

第5章 水文变化

水文要素因其在自然地理环境中的特殊位置而对区域环境变化有较强的敏感性,水作为环境的重要因素,在生态环境系统中起到核心与纽带的作用,通过水循环、水资源系统与生态环境诸要素紧密联系。水文特征主要是由一定的区域地形和气候条件决定的,就短时间尺度而言,气候和人为因素影响更为明显。滦河流域属于东亚温带季风气候,流域水文要素对气候和人类活动的变化较为敏感,因此,分析流域水文变化,对研究未来环境及生态发展变化有重要意义。

5.1 基础数据和研究方法

5.1.1 基础数据

径流量和含沙量数据均来自《海河流域水文资料》,时间序列为 1956～2010 年的逐日数据;入海水量采用的是水资源综合规划成果和河北省第二次水资源评价的成果,资料系列为 1956～2010 年。

5.1.2 研究方法

为了深入分析滦河水文变化规律,本书分别采用 Mann-Kendall 非参数检验方法、滑动 t 检验方法、集中程度分析法、小波变换等多种方法对流域的径流变化进行分析。

1. Mann-Kendall 非参数检验方法

本书显著性水平 α 的取值为 0.05,即在原假设正确的情况下,接受这一假设的可能性有 95%,而拒绝这一假设的可能性较小。如果时间序列在此置信水平下存在显著的变化趋势,则 $|M| > M_{\frac{\alpha}{2}} = 1.96$,$M$ 值为正,表明序列具有上升或者增加的趋势;M 值为负,则表明序列具有下降或者减少的趋势。

2. 滑动 t 检验方法

本书显著性水平 α 的取值为 0.05,在 t 分布表中查出临界值 $t_{\frac{\alpha}{2}}$。当统计量 $|t| > t_{\frac{\alpha}{2}}$ 时,则拒绝原假设,说明两个子序列的均值差异显著;反之,则接受原假设,差异不显著。

3. 集中程度分析法

由于气候的季节性波动,气象要素,如降水和气温等,都有明显的季节性变化,从而在相当大的程度上决定了径流年内分配的不均匀性。综合反映河川径流年内分配不均匀性的特征值有许多不同的计算方法。本书分别采用年内分配不均匀系数 C_L 和集中度、集中期来衡量径流年内分配的不均匀性。

径流年内分配不均匀系数 C_L 的计算公式如下:

$$C_L = \sigma \sqrt{R} \tag{5.1}$$

$$\sigma = \sqrt{\sum_{i=1}^{12} (R_i - \overline{R})^2} \tag{5.2}$$

$$\overline{R} = \frac{1}{12} \sum_{i=1}^{12} R(t) \tag{5.3}$$

式中,$R(t)$ 为年内各月径流量;$\overline{R}$ 为年内月平均径流量。由式(5.1)~式(5.3)可以看出,C_L 越大即表示年内各月径流量相差悬殊,径流年内分配越不均匀。

集中度和集中期的计算是将一年内各月的径流量作为向量看待,月径流量的大小为向量的长度,所处的月份为向量的方向。从1月到12月每月的方位角分别为 $0°$、$30°$、$60°$、$\cdots$、$330°$,并把每个月的径流量分解为 x 和 y 两个方向上的分量,则 x 和 y 方向上的向量合成分别为

$$R_x = \sum_{i=1}^{12} R(t) \cos\theta_i \tag{5.4}$$

$$R_y = \sum_{i=1}^{12} R(t) \sin\theta_i \tag{5.5}$$

径流合成:

$$R = \sqrt{R_x^2 + R_y^2} \tag{5.6}$$

集中度:

$$C_d = \frac{R}{\sum\limits_{i=1}^{12} R(t)} \tag{5.7}$$

集中期:

$$D = \arctan\left(\frac{R_y}{R_x}\right) \tag{5.8}$$

由式(5.8)可以看出,合成向量的方位,即集中期 D 指示了月径流量合成后的总效应,也就是向量合成后重心所指示的角度,即表示一年中最大月径流量出现的月份。而集中度则反映了集中期径流量占年总径流量的比例。

5.2　河流形态

5.2.1　横向稳定性

在自然护坡情况下,河流横向稳定程度主要取决于主流的顶冲地点及其走向和河岸土壤的抗冲能力,可用横向稳定性指数来表示。公式如下:

$$C = \frac{Q^{0.5}}{J^{0.2} B} \tag{5.9}$$

式中,Q为平摊流量;B为实际河宽;J为坡度。横向稳定性指数越大表示河岸越不稳定。

滦河的横向稳定性计算所选水文站点信息见表5.1。

表 5.1　1980～2010 年滦河横向稳定性计算所选水文站点信息

河名	站名	经度/(°)	纬度/(°)
闪电河	白城子(闪二)	115.983	42.317
吐力根河	大河口(四)	117.700	42.333
小滦河	沟台子	117.050	41.650
滦河	三道河子	117.700	40.967
武烈河	承德(二)	117.933	40.967
老牛河	下板城	118.167	40.783
柳河	李营	117.733	40.600
瀑河	平泉(四)	118.717	41.017
潵河	蓝旗营(二)	118.017	40.367
青龙河	桃林口水库(河道二)	119.050	40.133
滦河	滦县	118.750	39.733

1980～2010 年滦河横向稳定性指数变化过程线如图 5.1 所示。由图 5.1 可知,滦河横向稳定性大致经过了由变差再变好的过程,1990～1996 年最差,因为1990～1996 年滦河来水较丰,河床稳定性较差。随着研究区河流堤防工程的不断完善,河流的横向稳定性有略微的好转趋势。

5.2.2　纵向连续性

由 4.3 节可知,新中国成立以来,滦河流域修建了大量以水库为主的水利工程,而这些水利工程的修建改变了河流的地理空间,改变了水文过程以及生物学过程等的连续性。这里选取潘家口水库、大黑汀水库、庙宫水库和桃林口水库,采

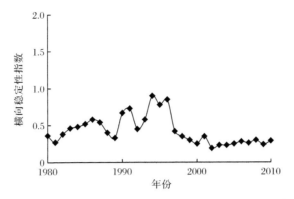

图 5.1 1980～2010 年滦河横向稳定性指数变化过程线

用水库拦水量和河流径流量之比计算研究区滦河的纵向连续性。1980～2010 年滦河纵向连续性指数变化过程线如图 5.2 所示。

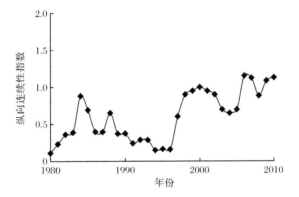

图 5.2 1980～2010 年滦河纵向连续性指数变化过程线

由连续性指数的物理意义可知,连续性指数越大,说明水利工程,尤其是大坝对河流的连续性阻碍越大,由图 5.2 可以看出,滦河的纵向连续性指数为 0～1.2,呈上升趋势。说明伴随着滦河流域大规模的水利工程建设,滦河河流形态产生了极大变化,加上近年来区域干旱的加剧和各灌区引水量的增加,导致地表水资源持续减少,部分河道断流和干涸程度加重,河流自然水文规律难以保障,河流的纵向连续性呈逐步恶化的趋势。

5.3 径　　流

为了研究滦河径流量的变化规律,特选取滦河流域内的滦县站 1956～2010 年的实测径流序列进行分析。

5.3.1　径流变化的趋势性

图5.3给出了滦河滦县站径流量时间序列图。从图中可以看出,1956~2010年,滦河流域的径流发生了很大的变化。径流的丰枯变化交替出现,年际波动较大,且年平均径流量整体上呈现下降趋势。

滦县站径流量最大值为1959年的399.92m³/s,最小值仅为9.31m³/s,最大值是最小值的43倍,C_v高达0.83。

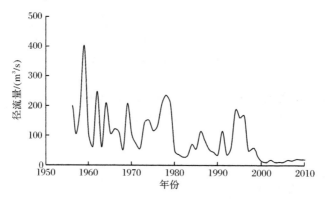

图5.3　滦河滦县站径流量时间序列图

为了检验径流量下降趋势的显著性,对流域年平均径流量做了Mann-Kendall非参数检验。结果显示,滦县径流量Mann-Kendall检验值为-4.95,小于0,即流域径流量呈现下降趋势。并且Mann-Kendall检验值全部小于显著性水平$\alpha=0.05$的临界值-1.96,即通过显著性检验,说明滦河流域径流量的下降趋势显著。

径流量的平均变化率除了显示径流量的变化趋势,更重要的是显示了径流量在单位时间内的变化强度,它可以用倾斜度来表示。通过Mann-Kendall非参数检验方法得出,滦县站径流量平均每10年下降22.6m³/s。

由于人类活动的影响,各月的径流也存在一定的变化,滦县站月径流量Mann-Kendall检验结果如图5.4所示。滦县径流除3月、6月、11月呈略微上升趋势以外,其他月份径流都呈现下降趋势,并且1月、2月、4月、5月、8月、10月、12月径流的下降趋势显著。如果将3~5月作为春季,6~8月作为夏季,9~11月作为秋季,12月~次年2月作为冬季,则可以看出,滦河流域径流在夏季初期有所增长,其他季节都存在不同程度的减少,其中尤其以冬季下降明显。

5.3.2　径流变化的集中度

由于气候的季节性波动,径流存在明显的季节性变化,从而在相当大的程度上决定了径流年内分配的不均匀性。图5.5给出了滦县站径流量集中期示意图。

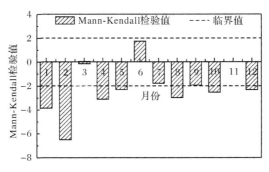

图 5.4　滦县站月径流量 Mann-Kendall 检验值

从图中可以看出,滦县站径流量主要集中在 5～8 月,1980 年以前主要集中在七八月,集中程度较高;1980 年以后,部分年份集中期提前,并且集中程度有所下降。这主要是因为 20 世纪 80 年代以前,人类活动较少,对径流量的影响不大,径流量的集中期多与当地的气候条件保持一致,尤其是降水,因此多集中在七八月。80 年代以后,滦河流域总用水量在 1985～2000 年保持 5% 的平均增长率,生活用水量与工业用水量在 2005 年较 1980 年分别增加了 49.7% 和 35.8%,因此用水量的不断增加对径流量产生极大影响,导致径流的集中期产生一定变化。

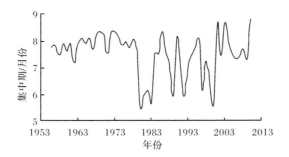

图 5.5　滦县站径流量集中期示意图

5.3.3　径流量的突变分析

为了更好地了解径流量变化的特征,除了定性分析径流量变化的趋势,定量计算径流量发生突变的过程和时间也是研究的重点。因此,对流域年平均径流量做滑动 t 检验 $(n=7)$,以分析其径流量突变的时间,结果如图 5.6 所示。根据滑动 t 检验的原理,认为 t 检验值超过显著性水平 $\alpha=0.05$ 的临界值 $(+2.1、-2.1)$ 的点发生了突变。

通过分析图 5.6 发现,滦县站在 1973 年、1979 年和 1999 年发生突变。其中,1973 年 t 检验值小于临界值下限 -2.1,说明 1973 年之前 7 年径流量平均值明显

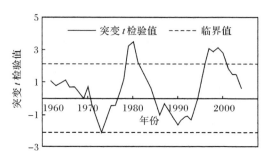

图 5.6　滦县站径流量滑动 t 检验的突变检验结果

低于之后 7 年平均值,即径流量明显增加,1979 年和 1999 年的 t 检验值均大于临界值上限 2.1,说明 1979 年和 1999 年之前的 10 年径流量平均值明显高于之后 10 年的径流量平均值,即径流量显著减少。

5.4　泥　　沙

随着人类活动日益频繁,滦河流域生态环境不断恶化,径流量逐渐减小,枯水期越来越长,同时植被面积减小,土壤储水能力下降,河道不断遭到破坏,多种原因导致河流含沙量的不断变化。为了深入研究滦河流域 1956~2010 年重点河流含沙量的变化规律,特选取流域承德站、沟台子站、韩家营站、李营站、滦县站、三道河子站、桃林口水库站和围场站 8 个站点进行分析。

5.4.1　含沙量年际变化

根据实测资料分析可知,各站历年含沙量起伏较大,且变化趋势并不一致。承德站、滦县站、李营站和桃林口水库站含沙量存在下降趋势;沟台子站历年含沙量存在一定的增加趋势,韩家营站、三道河子站和围场站的变化趋势不定。

从不同年代来看,1956~2010 年承德站平均含沙量为 4.50kg/m³,其中 20 世纪 50 年代最大,平均含沙量为 7.66kg/m³,60 年代次之,为 6.17kg/m³,21 世纪初含沙量最低,只有 0.02kg/m³。含沙量最大值出现在 1962 年,为 25.90kg/m³,最小值为 0,出现在 2006 年、2007 年、2009 年和 2010 年。同样,李营站、滦县站和桃林口水库站平均含沙量分别为 0.77kg/m³、1.98kg/m³、1.40kg/m³,并且三站均在 50 年代含沙量最大,其次为 60 年代,21 世纪初平均含沙量最低。含沙量最大值均出现在 1962 年,最小值均出现在 2009 年、2010 年前后。沟台子站平均含沙量为 2.06kg/m³,其中 20 世纪 90 年代最大,平均含沙量为 6.02kg/m³,其次为 50 年代,60 年代最小,平均含沙量为 0.83kg/m³。韩家营站平均含沙量为 13.92kg/m³,其中 50 年代最大,平均含沙量为 32.70kg/m³,21 世纪初最小,为 2.36kg/m³。三道河子站平均含沙量为 2.65kg/m³,50 年代含沙量最大,为 6.63kg/m³,21 世纪初只有 0.91kg/m³。围场站平均含沙量为 30.36kg/m³,其中 70 年代平均含沙量最大,达到 36.25kg/m³,21 世纪初最少,只有 17.47kg/m³,不足 70 年代的一半。滦河流域 8 个站点不同年代含沙量见表 5.2。

表 5.2　滦河流域 8 个站点不同年代含沙量　　　　（单位:kg/m³）

站名	20 世纪 50 年代	20 世纪 60 年代	20 世纪 70 年代	20 世纪 80 年代	20 世纪 90 年代	21 世纪初	平均值	最大值	最大值出现年份	最小值	最小值出现年份
承德站	7.66	6.17	4.36	3.79	5.29	0.02	4.50	25.90	1962	0	2006、2007、2009、2010
沟台子站	3.02	0.83	1.04	2.22	6.02	4.24	2.06	10.30	2007	0.290	1970
韩家营站	32.70	9.62	13.31	15.57	31.05	2.36	13.92	44.30	1957	0.405	2009
李营站	2.29	1.56	0.59	0.21	0.11	0.01	0.77	7.05	1962	0.001	2006、2007、2010
滦县站	5.55	3.48	2.20	0.43	0.53	0.01	1.98	8.08	1962	0.001	2010
三道河子站	6.63	1.81	3.88	1.90	4.88	0.91	2.65	19.40	1978	0.357	2009
桃林口水库站	3.37	2.60	1.08	0.81	0.52	0	1.40	8.66	1962	0	2006、2007、2008、2009
围场站	—	30.99	36.25	28.30	40.35	17.47	30.36	67.60	1972	6.74	2009

由于影响河流含沙量的因素很多,如河流沿岸的植被覆盖情况、地质构造、径流量等,因此,不能从单一因素来解释河流含沙量变化的原因。根据研究区实际情况,分析其变化原因主要有:改革开放以后,人类活动不断增强,耕地面积不断增加,毁林造田现象严重,加之不合理的农业种植结构,导致水土流失严重,河流含沙量增加;研究时段内,滦河流域先后修建庙宫水库、潘家口水库和大黑汀水库,水库建成投入使用之后开始拦截淤泥,对含沙量减少有一定的贡献;而随着水土保持工作的实施,治理的水土流失面积不断增加,从而有效地实现保水保土效益。因此,研究区含沙量发生显著变化是强烈的人类活动综合影响的结果。

5.4.2　含沙量季节变化

各站含沙量年内变化并不均匀,总体上是汛期含沙量大,非汛期含沙量小。滦河流域含沙量年内峰值出现在 7 月,并且各站的年内变化规律比较一致。从季节上看,含沙量在春季和夏季较多,秋季和冬季较少。这与降水的季节分布、汛期出现时间以及径流洪峰时间都有关系。滦河流域各月平均含沙量如图 5.7所示。

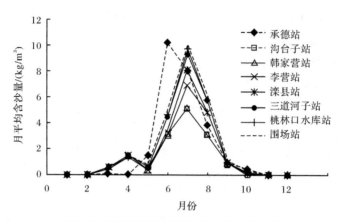

图 5.7　滦河流域各月平均含沙量变化曲线

5.5　入 海 水 量

滦河水量丰沛,是河北省最大的入海河流之一,20 世纪 70 年代后期为了开发滦河水资源,在滦河上修建了大量水利工程,尤其是引滦枢纽工程的修建,使滦河水资源开发利用程度显著提高,入海水量也发生了明显变化。

1956～2010 年滦河流域入海水量变化过程如图 5.8 所示,不同年代入海水量见表 5.3。

表 5.3　滦河不同年代入海水量　　　　　　（单位:亿 m³）

年代	入海总量	年均入海水量
20 世纪 50 年代	276.30	69.08
20 世纪 60 年代	352.27	35.23
20 世纪 70 年代	372.20	37.22
20 世纪 80 年代	73.04	7.30
20 世纪 90 年代	195.18	19.52
21 世纪初	8.18	0.74

1956～2010 年,滦河入海总量 1277.17 亿 m³,年均入海水量 23.22 亿 m³。其中 20 世纪 50 年代、60 年代和 70 年代的年均入海水量分别为 69.08 亿 m³、35.23 亿 m³ 和 37.22 亿 m³,80 年代年均入海水量仅有 7.30 亿 m³,90 年代有所回升,为19.52 亿 m³。到 21 世纪初仅有 0.74 亿 m³,只有 60 年代的 2.1%。因此

可以看出,滦河年均入海水量呈下降趋势,其中80年代年均入海水量相对较少,90年代有所回升,2000年以后年均入海水量则少之又少。

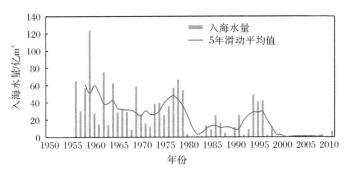

图 5.8　1956~2010年滦河流域入海水量的变化过程

位于滦河干流上的引滦枢纽工程由潘家口水利枢纽工程、大黑汀水利枢纽工程及引滦枢纽闸工程组成,潘家口水库、大黑汀水库先后于1979年同期下闸蓄水,翌年实现滦下供水,并分别于1983年9月及1984年12月开始入津和入唐试通水。1983~1997年的15年间引滦枢纽工程共向天津供水83.54亿 m³,平均每年5.57亿 m³。按照潘家口水库、大黑汀水库和桃林口水库的通水时间,将滦河流域入海水量分为1956~1983年、1984~1997年和1998~2010年三个阶段进行分析。1956~1983年共28年入海总量为1187.27亿 m³,年均入海水量为42.40亿 m³;1984~1997年共14年入海总量为250.211亿 m³,年均入海水量为17.87亿 m³,仅为第一阶段的42.15%;1998~2010年共14年入海总量为20.81亿 m³,年均入海水量为1.601m³,仅为第一阶段的3.78%。由此可见,进入20世纪80年代,引滦枢纽工程的建设是滦河入海水量锐减的影响因素之一。当然,这其中也有某些年份降水偏枯的影响,但工程影响、用水量增加仍是重要因素。

5.6　小　　结

本章从河流形态、径流、泥沙和入海水量的变化特征等几个方面对滦河流域的水文变化规律进行了分析。主要结论如下:

(1) 伴随着滦河流域大规模的水利工程建设,滦河河流形态产生了极大变化,加上近年来区域干旱的加剧和各灌区引水量的增加,导致地表水资源持续减少,部分河道断流和干涸程度加重,河流自然水文规律难以保障,河流的纵向连续性呈逐步恶化状态。

(2) 滦河流域径流的丰枯变化交替出现,并且年际波动较大。流域径流量呈下降趋势,并且下降趋势显著。滦县站径流量主要集中在5~8月,1980年以前主要集中在七八月,集中程度较高,1980 年以后,部分年份集中期提前,集中程度有所下降。滦县站在 1973 年、1979 年和 1999 年发生突变。

(3) 根据实测资料分析可知,各站历年含沙量起伏较大,各站含沙量年内变化不均匀,总体上是汛期含沙量大,非汛期含沙量小。

(4) 分析 1956～2010 年滦河流域入海水量的变化趋势发现,从 20 世纪 80 年代开始,入海水量明显减少,90 年代有所回升,2000 年以后入海水量则少之又少。

第6章 生态环境变化

生态环境是人类赖以生存和发展的基础。目前,滦河流域气候变化和人类活动已经引起了较为严重的生态环境问题,生态环境危机已对流域经济社会的可持续发展构成了严重威胁。为了改善和恢复流域生态环境,首先需要了解生态环境质量的状况及其变化趋势,以采取针对性的措施,解决滦河流域生态环境问题。

6.1 基础数据和研究方法

6.1.1 基础数据

1. 数据来源

按照20世纪80年代、90年代和21世纪初三个时间段收集相关数据。空间数据主要包括研究区 Landsat MSS、TM、ETM、MODIS、GeoEye 影像,1∶5万地形图,土地利用、土壤侵蚀等专题图。统计数据主要通过野外调查及室内查阅,收集研究区植被、土地利用、湿地、水质监测站监测数据、水资源综合评价数据以及重点湖库生物多样性调查数据基础资料。纸质数据主要是20世纪80年代的土地利用、土壤侵蚀等专题图纸,以及相关规划资料和研究报告,由于当时的技术条件有限,只能收集到纸质存档资料,必须进行数字化才能进行分析使用。电子数据主要是20世纪90年代以来的一些电子专题数据和调查统计表格。

生态环境脆弱性特征研究是在研究区不同时期气候条件因子与人类活动因子变化规律分析结果的基础上进行的,相关数据来自第3章~第5章及本章研究内容,即滦河流域降水量、气温、蒸散发、径流量、社会经济、河流水质、土地利用时空变化过程分析结果。通过建立人类活动因子与自然条件因子变化过程分析模型获得研究区脆弱生态环境的时空变化规律。

2. 数据处理

基于 Landsat MSS、TM、ETM、MODIS 和 GeoEye 遥感数据,1∶5万地形图,运用 RS 和 GIS 相结合的一体化信息提取技术进行遥感影像预处理、辐射纠正和几何纠正、图像配准,获得研究区各研究时段的土地利用和土壤侵蚀状况及其变化基础数据;结合统计资料对研究区水土流失、土地覆盖等变化发展过程进行分析。

1) 遥感影像处理

首先,配准多期不同分辨率影像,对各研究时段不同分辨率、不同光谱特性的遥感影像进行配准,使得同期的影像具有相同的地理坐标。其次,通过选取最佳波段,从多种分辨率融合方法中选取最佳方法进行影像波段融合,以使得图像既有高的空间分辨率和纹理特性,又有丰富的光谱信息,从而达到影像地图信息丰富、视觉效果好、质量高的目的。再次,对影像进行镶嵌、匀色,由于成像日期、系统处理条件可能有差异,相邻图像不仅存在几何畸变问题,而且还存在辐射水平差异,导致同名地物在相邻图像上的亮度值不一致。利用遥感影像处理软件,对工作区域的遥感影像数据进行镶嵌,使用 Photoshop 软件来进行匀色,保证镶嵌完的数据色调基本无差异且较美观。最后,利用研究区域 1∶5 万地形图,选择地面易分辨、易定位的控制点对融合后的遥感影像进行精校正。其中,特征变化大的区域多布置控制点,尽可能满幅均匀,以保证精度。

2) 1∶5 万地形图处理

将研究区域 1∶5 万的地形图扫描后,导入 ArcGIS 软件,通过几何校正来降低误差,提高精度,获取对应的地理坐标,对校正后的地形图进行二值化,交互式矢量化,得到区域等高线线划图,拼接矢量化图层并赋值,利用 ArcGIS 的 3D Analysis 分析工具生成区域数字高程模型(digital elevation model,DEM),再计算坡度和坡长,以备计算区域土壤侵蚀情况。

3) 其他数据处理

将收集到的部分土地利用图、土壤侵蚀分布图和流域图、行政区划图等专题图件存档的图纸文件扫描输入计算机中,使用矢量化软件对各图件进行数字化。由于各时期数据的投影方式、坐标系等数学基础不统一,首先要对数据进行空间转换,将所有数据以东经 117°为中央经线,以高斯投影,1980 西安坐标系为基准进行转化。然后,对各期数据进行一致性检查,对属性分类系统不一致的数据,需要根据实际情况进行归并和拆分。最后,由于此次收集数据时间跨度大,精度不一致,部分数据图斑较为破碎,对数据处理的时间和准确度有一定影响,因此,通过确定最小分析单元,空间数据再处理,数据的组织、管理、比较与分析等几个步骤,进行同一地区土壤侵蚀强度等级和土地利用的对比分析,得到其变化情况,并在空间上确定不同变化情况的分布区域。

4) 专题数据提取

对于无法直接获取的植被覆盖、土地利用和土壤侵蚀专题数据,以 Landsat MSS、TM、ETM、MODIS、GeoEye 遥感影像为信息源,利用 RS、GIS 一体化信息提取手段,采用监督分类方法,提取土地利用信息,即通过遥感数字影像—人机交互判读—计算机测量汇总—数据库来实现土地利用动态信息的提取[68];采用人机交互解译的方式,获得植被覆盖度;利用 1∶5 万地形图和 GPS 野外定点观测获取研究区的坡度、坡长等环境因子。水土流失的发生受植被、坡度和土地利用方式等因素综合影响[69],因此依据水利部颁布的《土壤侵蚀分级标准》(SL 190—2007)(表 6.1),选择土壤侵蚀强度评判模型,依据对诸多环境因子在土壤侵蚀过程中作用的分析,运用主导因子分析法,确定土壤侵蚀强度等级。

表 6.1　土壤侵蚀强度(面蚀)分级指标

地类　　地面坡度		5°～8°	8°～15°	15°～25°	25°～35°	>35°
非耕地林、草覆盖度/%	60～75	轻	度			
	45～60					强烈
	30～45		中	度	强烈	极强烈
	<30			强烈	极强烈	剧烈
坡耕地		轻度	中度	强烈	极强烈	剧烈

注:水土流失判别应结合外业详细调查,甄别梯田和坡式经济林等水土流失分布。

5)专题数据叠加

为了反映各时期植被、土地利用和土壤侵蚀的变化,利用 ArcGIS 软件将经过处理的各时期专题数据进行空间叠加计算,以获取不同时期植被、土地利用和土壤侵蚀的变化结果。

6.1.2　研究方法

1. 模糊评价分析

模糊综合评价法是以模糊数学为理论基础,遵守模糊关系合成原理,对不易定量的因素进行定量化处理,进而完成综合评价的一种方法。其主要过程是建立评价因子集、标准集、隶属函数及权重集,最终使用最大隶属度原则或加权平均原则实现对各种水体质量等级的综合分析评价[70,71]。

水质模糊评价基本步骤如下。

1)建立评价因子集

评价因子即影响水质的污染项目。在水环境质量评价中,评价因子集是指参与评价各污染因子浓度组成的模糊子集。本书选定的评价因子包括溶解氧(DO)、高锰酸盐指数(COD_{Mn})、氨氮(NH_3-N)、总磷(TP)、砷(As)和挥发酚(VLPH),其评价因子集 X 为

$$X = \{x_1(DO), x_2(COD_{Mn}), x_3(NH_3\text{-}N), x_4(TP), x_5(As), x_6(VLPH)\}$$

$$(6.1)$$

2) 建立评价标准集

评价标准集是与评价因子集中的评价因子相对应的标准。在水环境质量评价中,即各污染因子相应的水质标准的集合。本书选择《地表水环境质量标准》(GB 3838—2002)中的五类评价分级标准(表 6.2),则评价标准集 S 为

$$S = \{s_1, s_2, s_3, s_4, s_5\} \tag{6.2}$$

表 6.2　基本项目标准限值　　　　　　(单位:mg/L)

指标	I	II	III	IV	V
DO	7.5	6	5	3	2
COD$_{Mn}$	2	4	6	10	15
NH$_3$-N	0.15	0.5	1.0	1.5	2.0
TP	0.02	0.1	0.2	0.3	0.4
As	0.05	0.05	0.05	0.1	0.1
VLPH	0.002	0.002	0.005	0.01	0.1

3) 建立隶属函数,求出模糊评价矩阵 R

由于污染因子浓度和水质分级标准都是模糊的,故用隶属度的概念来描述分级界限比较合理。隶属度可以通过隶属函数来确定,常见的隶属函数主要分为梯形分布、矩形分布、正态分布等七种类型。设 r_{ij} 表示第 i 种污染物的环境质量标准为第 j 类的可能性,就构成了评价因子和评价标准的模糊评价矩阵 $\underset{\sim}{R}$。

$$\underset{\sim}{R} = \begin{bmatrix} r_{11} & r_{12} & \cdots & r_{1n} \\ r_{21} & r_{22} & \cdots & r_{2n} \\ \vdots & \vdots & & \vdots \\ r_{m1} & r_{m2} & \cdots & r_{mn} \end{bmatrix} \tag{6.3}$$

式中,m 表示评价因子数,$i=1,2,\cdots,m$;n 表示评价标准数,则 $j=1,2,3,4,5$。

本书采用降半梯形来计算隶属度,其原则如下:

$$j=1,\quad r_{i1} = \begin{cases} 1, & x_i \leqslant s_{i1} \\ \dfrac{x_i - s_{i2}}{s_{i1} - s_{i2}}, & s_{i1} < x_i < s_{i2} \\ 0, & x_i \geqslant s_{i2} \end{cases} \tag{6.4}$$

$$j=2,3,4,\quad r_{ij} = \begin{cases} 1, & x_i \leqslant s_{i(j-1)} \\ \dfrac{x_i - s_{i(j-1)}}{s_{ij} - s_{i(j-1)}}, & s_{i(j-1)} < x_i < s_{ij} \\ \dfrac{x_i - s_{i(j+1)}}{s_{ij} - s_{i(j+1)}}, & s_{ij} \leqslant x_i < s_{i(j+1)} \end{cases} \tag{6.5}$$

$$j = 5, \quad r_{i5} = \begin{cases} 1, & x_i \geqslant s_{i5} \\ \dfrac{x_i - s_{i4}}{s_{i5} - s_{i4}}, & s_{i4} < x_i < s_{i5} \\ 0, & x_i \leqslant s_{i4} \end{cases} \tag{6.6}$$

4) 确定各评价因子权重

本书采用污染物浓度超标倍数加权法确定单一评价因子的权数 $w_i = \dfrac{x_i}{s_i}$，并使用不同等级下各评价因子的标准浓度的平均值作为基础值 $\overline{s_i}$，通过计算本书选定的评价因子的基础值分别为 4.7(DO)、7.4(COD_{Mn})、1.03(NH_3-N)、0.204(TP)、0.07(As) 和 0.0238(VLPH)。对各评价因子的权数进行归一化处理，设 $a_i = \dfrac{w_i}{\sum\limits_{i=1}^{n} w_i}$，而归一化后的权数分配矩阵为

$$\underset{\sim}{A} = [a_1, a_2, a_3, a_4, a_5] \tag{6.7}$$

5) 计算模糊评判模型

通过已经获得的模糊评价矩阵 $\underset{\sim}{R}$ 和权数分配矩阵 $\underset{\sim}{A}$，采用主因素决定法 $[M(\wedge, \vee)$ 模型] 计算模糊评判模型 $\underset{\sim}{B} = \underset{\sim}{A} \circ \underset{\sim}{R}$。其计算原则为

$$\underset{\sim}{B} = \underset{\sim}{A} \circ \underset{\sim}{R} = [b_1, b_2, \cdots, b_m] \Leftrightarrow b_j = \vee (a_j \wedge r_{ij}) \tag{6.8}$$

最终根据最大隶属度原则来确定水质等级。

2. 生物多样性分析

生物多样性是衡量一定区域内生物资源丰富程度的指标，可以用于评价群落中物种组成的稳定程度及其数量分布的均匀程度和群落的组成结构特征，也可以表征群落演变方向和速率[72-74]。

群落生态学家通常使用一些非参数的统计方法对群落的生物多样性进行描述，第一个非参数多样性指数是由 Simpson 在 1949 年提出的，其定义为

$$D = 1 - \sum_{i=1}^{s} p_i^2 \tag{6.9}$$

式中，D 为 Simpson 多样性指数；p_i 为第 i 种物种在群落中所占的比例；s 为物种总数。

但是式(6.9)只能用于估计无限总体的多样性，因此 1969 年 Pielou 提出了可用于有限总体的计算公式：

$$D = 1 - \sum_{i=1}^{s} \left[\frac{n_i(n_i - 1)}{N(N - 1)} \right] \tag{6.10}$$

式中，n_i 为抽样中第 i 个物种的个体数量；N 为抽样中所有物种的个体数量总和。

Pielou 认为,多样性应当是从一个群落中随机抽取的一个个体物种的不定量,在此基础上发展而来的 Shannon-Wiener 多样性指数表征在信息通信中的某一瞬间,一定符号出现的不定度以及其传递的信息总和,将之用于生物群落多样性分析已经成为一种常用的研究方法。其计算公式如下:

$$H' = -\sum_{i=1}^{s} p_i \log_2 p_i \qquad (6.11)$$

式中,H' 为 Shannon-Wiener 多样性指数。

浮游植物均匀度指数也是表征生物多样性的重要指标,是实际多样性指数与理论上最大多样性指数的比值,数值范围为 0~1,用来评价浮游植物多样性更加直观和清晰,能够反映出物种个体数目分配的均匀程度,其计算公式如下:

$$J' = \frac{H'}{\log_2 s} \qquad (6.12)$$

式中,J' 为均匀度指数。

3. 生态环境脆弱性评价方法

生态环境脆弱性是生态系统在特定时空尺度下对于外界干扰所具有的敏感反应和自身恢复的能力,是自然条件因子和人类活动因子共同作用的结果。它反映了生态环境系统本身抗拒外来破坏的能力。脆弱的生态系统一般都表现为:生态系统敏感性强,稳定性差;生态弹性力小,抵御外界干扰能力差;自身的恢复能力和再生能力较差;生态承载能力低,环境容量小等。

1) 生态敏感性-生态恢复力-生态压力模型

本书在流域尺度上分析生态环境脆弱性,主要关注区域自然环境、社会经济的脆弱性特征,以及区域土壤、水文、气候等自然条件变化与人类社会变化之间的相互关系。引入生态敏感性-生态恢复力-生态压力度(sensitivity-recovery-pressure,SRP)概念,建立人类活动因子与自然条件因子变化过程分析模型,该模型基于生态系统稳定性的内涵构建而来,共包括三个影响因子,即生态敏感性、生态恢复力和生态压力度[75]。其中,生态敏感性因子又包含地形因子、地表因子、气象因子和土壤因子。生态恢复力是指生态系统受到扰动时自身恢复的能力,与生态系统内部结构的稳定性有关,研究中采用植被净初级生产力(net primary productivity,NPP)表征。生态压力度则是指生态系统受到外界干扰及其产生的生理效应,分为人口活动压力和经济活动压力,通常采用人口密度、GDP 密度和用水量密度来表示。

(1) 地形因子是指高程、坡度和坡向,均可通过 DEM 数据提取。

(2) 地表因子采用不同土地利用类型的景观格局指数表征,通过分析软件 Fragstats 计算获得,本书选择的景观格局指数包括最大斑块指数(LPI)、景观形状

指数(LSI)、面积加权平均形状指数(SHAPE_AM)和面积加权平均分维指数
(FRAC_AM)。

① 最大斑块指数。

$$LPI = \frac{\max(a_{ij})}{A} \times 100 \qquad (6.13)$$

最大斑块指数等于某一斑块类型中的最大斑块占整个景观面积的比例,反映
各种土地利用类型斑块面积的均匀程度。显示最大斑块对整个类型或者景观的
影响程度,决定景观中的优势种、内部物种的丰度等生态特征,其值变化可以改变
干扰的强度和频率,反映人类活动的方向和强弱。

② 景观形状指数。

$$LSI = \frac{0.25E^*}{\sqrt{A}} \qquad (6.14)$$

景观形状指数反映一定尺度上斑块和景观复杂程度的定量指标,景观形状指数
越小,斑块的形状越规则、简单;景观形状指数越大,斑块的形状越不规则,越复杂。

③ 面积加权平均形状指数。

$$SHAPE = \frac{0.25p_{ij}}{\sqrt{a_{ij}}}$$

$$SHAPE\_AM = \sum_{j=1}^{n} \left[SHAPE \left(\frac{a_{ij}}{\sum_{j=1}^{n} a_{ij}} \right) \right] \qquad (6.15)$$

面积加权平均形状指数在景观级别上等于各斑块类型的平均形状因子乘以
该类型斑块面积占景观面积权重之后的和,是度量景观空间格局复杂性的重要指
标之一,并对许多生态过程都有影响,如斑块的形状影响动物的迁移、觅食等活
动,影响植物的种植与生产效率;对于自然斑块或自然景观的形状分析还有另一
个很显著的生态意义,即常说的边缘效应。

④ 面积加权平均分维指数。

$$FRAC = \frac{2\ln(0.25p_{ij})}{\ln a_{ij}}$$

$$FRAC\_AM = \sum_{j=1}^{n} \left[FRAC \left(\frac{a_{ij}}{\sum_{j=1}^{n} a_{ij}} \right) \right] \qquad (6.16)$$

面积加权平均分维指数是通过对景观在斑块层次上的分维指数求面积加权平
均值后得到的,在一定程度上反映了人类活动对景观格局的影响。一般来说,受人
类活动干扰小的自然景观的分维指数高,而受人类活动影响大的分维指数低。

　　(3) 气象因子包括年均降水量、年均气温、年均相对湿度,均可通过流域 30 个气象站 1980~2010 年监测数据计算获得。

　　(4) 土壤因子,即土壤侵蚀强度,1∶100 万土壤数据来自国家自然科学基金委员会中国西部环境与生态科学数据中心,而土壤侵蚀强度则通过改进的土壤侵蚀评价模型修正通用土壤流失方程(revised universal soil loss equation,RUSLE)计算获得,其计算表达式如下:

$$A = RKLSCP \tag{6.17}$$

式中,A 为单位面积上时间和空间平均的土壤流失量;R 为降雨侵蚀力因子,是指降雨或融雪径流侵蚀作用;K 为土壤可蚀性因子,是指在标准小区上测得的某种土壤单位降雨侵蚀力的土壤流失量,其中标准小区定义为坡长的水平投影为 72.6ft (22.1m),宽 6ft(1.83m),且具有 9% 的均一坡度,适时翻耕连续休闲两年以上的对照地;LS 为地形因子,其中,L 为坡长因子,是某一坡长的坡地产生的土壤流失量与同样条件下 22.1m 坡长的土壤流失量的比值,S 为坡度因子;C 为植被覆盖与管理因子,是指一定覆盖和管理水平下某一地区土壤流失量与该地区连续休闲情况下土壤流失量的比值;P 为水土保护措施因子,是指有水土保持措施时的土壤流失量与直接沿坡地耕种时产生的土壤流失量的比值,其中水土保持措施包括等高耕作、带状耕作和梯田等[76-83]。

　　① 降雨侵蚀力因子(R)。

　　降雨侵蚀力是反映降雨对土壤剥离及搬运能力的指标,它与降雨量、降雨动能、降雨强度、降雨历时、降雨类型等因素有关。通过逐年雨量进行侵蚀力估算,其简易算法模型定义如下:

$$R = \alpha P^{\beta} \tag{6.18}$$

式中,R 为年雨侵蚀力;P 为年降雨量;α、β 为模型参数,依据相关研究文献,$\alpha = 0.0534$,$\beta = 1.6548$。

　　② 土壤可蚀性因子(K)。

　　土壤可蚀性是评价土壤遭受降雨侵蚀难易程度的重要指标,影响土壤可蚀性因子大小的因素有土壤质地、土壤结构、紧实度、土壤渗透率和含水率及黏土矿物性质等。一般用土壤性质推算土壤 K 值,最常用的方法是 Wischmeier 提出的可蚀性诺谟图,但并不适合我国大多数土壤类型。1990 年,Williams 等在环境政策综合气候(environmental policy-integrated climate,EPIC)模型中,发展了土壤可蚀性因子 K 的估算方法,更加简便易用,只需要土壤有机碳和土壤颗粒组成资料,其计算公式如下:

$$K = \{0.2 + 0.3\exp[-0.0256SAN(1 - SIL/100)]\}$$
$$\times [SIL/(CLA + SIL)]^{0.3}$$
$$\times \{1 - 0.25C/[C + \exp(3.72 - 2.95C)]\}$$

$$\times [1-0.7(1-SAN/100)]/\{1-SAN/100$$
$$+\exp[-5.51+22.9(1-SAN/100)]\} \tag{6.19}$$

式中,K 为土壤可蚀性因子;SAN 为砂粒含量;SIL 为粉粒含量;CLA 为黏粒含量;C 为有机碳含量。

③ 地形因子(LS)。

地形是影响土壤侵蚀的基本自然地理要素,它影响土壤和植被的形成与发展,制约地表的物质和能量的再分配,决定地表径流的运动状态和方向。在 RUSLE 模型中,坡度和坡长是度量地形对土壤侵蚀影响的指标,坡度越大,径流能量越大,对坡面的冲刷能力越强;坡长越大,径流量越大,侵蚀作用越强。坡面尺度上的土壤侵蚀评价中,坡度和坡长一般通过野外实测得到,但在流域尺度上,坡度和坡长可通过 DEM 提取。

坡长因子 L 采用 Wischmeier 和 Smith 提出的经验公式进行估算:

$$L=\left(\frac{\lambda}{22.1}\right)^m \tag{6.20}$$

式中,L 为坡长因子;λ 为水平投影坡长;22.1 为 RUSLE 模型采用的标准小区坡长;m 为可变的坡长指数。

坡长指数 m 与细沟侵蚀(由流水引起)和细沟间侵蚀(主要由雨滴打击引起)的比率有关,其计算公式为

$$m=\frac{n}{n+1}$$
$$n=\frac{\sin\theta/0.0896}{3(\sin\theta)^{0.8}+0.56} \tag{6.21}$$

式中,θ 为坡度。

坡度因子 S 采用分段计算,当坡度<14°时,满足 20 世纪 80 年代 McCool 等建立的计算公式:

$$S=\begin{cases}10.8\sin\theta+0.03, & \theta\leqslant 5° \\ 16.8\sin\theta-0.50, & 5°<\theta\leqslant 14°\end{cases} \tag{6.22}$$

当坡度大于或等于 14°时,满足刘宝元计算公式:

$$S=21.9\sin\theta-0.96 \tag{6.23}$$

通过栅格运算将坡长因子 L 和坡度因子 S 联合便获得了地形因子LS 的空间分布图。由于地形因子求解较为复杂,本书采用华盛顿大学 Hickey 在其个人网站上提供的 AML 计算程序,在 ArcInfo Workstation 软件下完成 LS 因子的运算。

④ 植被覆盖与管理因子(C)。

植被覆盖与管理因子是在相同的土壤、坡度和降雨条件下,某一特定作物或植被情况时的土壤流失量与耕种过后连续休闲地的土壤流失量的比值,为侵蚀动力的抑制因子,其值小于或等于 1。本书基于前人研究成果,根据研究区土地利用

类型进行赋值,没有土壤侵蚀的地区赋值为 0,而易受到侵蚀的区域则为 1,具体土地利用类型赋值情况见表 6.3。

表 6.3　不同土地利用类型管理因子赋值情况

土地利用类型	旱地	水田	有林地	灌木林	疏林地	其他林地	草地	水域	建设用地	未利用土地
C 值	0.22	0.1	0.006	0.04	0.01	0.04	0.04	0	0	0

⑤ 水土保护措施因子(P)。

水土保持措施因子是采取水保措施后,土壤流失量与顺坡种植时的土壤流失量的比值。0 代表无侵蚀地区,1 则表示未采取任何水土保护措施的地区,具体土地利用类型赋值情况见表 6.4。

表 6.4　不同土地利用类型水土保护措施因子赋值情况

土地利用类型	旱地	水田	林地	草地	水域	建设用地	未利用土地
P 值	0.4	0.01	1	1	0	0	1

(5) 生态恢复力因子即植被净初级生产力,通过 Lund-Potsdam-Jena 动态全球植被模型(Lund-Potsdam-Jena dynamic global vegetation model,LPJ-DGVM)计算获得,该模型是以气温、降水、云量、CO_2 浓度和土壤质地为输入变量,基于植被动力学原理,计算土壤-植物-大气间碳和养分循环以及 CO_2 和水的交换通量、光合作用强度和初级生产力以及植物土壤之间的碳储量。植被净初级生产力是植被净碳获取量,是总初级生产力中获得的碳与植被呼吸所释放的碳之间的平衡,直接反映植被在自然环境条件下的生产能力,是判断生态系统碳源/汇和调节生态过程的重要因子。在 LPJ-DGVM 模型中 NPP 的计算表达式如下:

$$NPP = G_{PP} - R_m - \max[(G_{PP} - R_m) \times 0.25, 0] \tag{6.24}$$

式中,G_{PP} 为总初级生产力;R_m 为所有植被功能类型维持所需要的呼吸作用。

(6) 生态压力度因子包括人口密度、GDP 密度和用水量密度,均可通过 1980~2005 年流域社会经济统计资料计算获得。

2) 空间主成分分析法

生态环境是一个多因素共同作用下的复杂动态系统,其脆弱性评价指标间也存在一定的相关性,因而所反映的信息有部分重叠,且指标太多也会增加分析问题的复杂程度。主成分分析方法是基于统计分析的原理,从多指标参数分析中提取少数几个不相关的综合性指标,而其原指标所提供的大量信息仍能得到保持的一种统计方法。随着空间分析技术发展,改进的空间主成分分析法(spatial principal component analysis,SPCA)得到了更加广泛的应用[84,85]。其主要步骤如下:

(1) 为了克服数据不一致的问题,首先对初选的指标进行标准化处理,生成分辨率为 1km 的栅格图。

（2）建立各变量的相关系数矩阵 R。

（3）计算相关系数矩阵 R 的特征值 λ_i 和相应的单位特征向量 a_i。

（4）将特征向量 a_i 进行线性组合，输出 m 个主成分。

3）层次分析法

模型评价指标的权重采用层次分析法确定，该方法是由美国运筹学家 Saaty 教授于 20 世纪 70 年代初期提出的一种对模糊问题做出决策的简易方法，适用于难以完全定量分析的问题。首先要根据筛选出的综合评价主成分贡献率及重要性关系构造判断矩阵，然后进行层次排序及一致性检验，计算一致性比率（CR），当 CR<0.10 时，则可认为判断矩阵的一致性可以接受，模型评价指标权重计算合理[86-88]。其具体步骤如下：

（1）建立递阶层次结构。

首先将问题分解为各组成部分元素，并按照不同属性将元素分成若干组，以形成不同层次。同一层次的元素作为准则，对下一层次的某些元素起支配作用，同时又受上一层次元素的支配。这种自上而下的支配关系形成递阶层次。处于最上层次的通常只有一个元素，一般为评价目标。中间层次一般可分为准则和子准则。最低一层为具体的决策方案。

（2）构造判断矩阵。

根据经验用具体数值将每一层元素的相互重要性以矩阵的形式表示出来，即为判断矩阵。对于 n 个元素，其两两比较判断矩阵 A 为

$$A = (a_{ij})_{n\times n}, \quad a_{ij} > 0, \quad a_{ij} = 1/a_{ji}, \quad a_{ii} = 1 \tag{6.25}$$

当矩阵满足 $a_{ij} \cdot a_{jk} = a_{ik}$ 时，则称为一致性矩阵。

对于 a_{ij} 值的确定，参考层次分析法的比较矩阵标度方法，即引用数字 1~9 及其倒数作为标度，表示元素间相互关系，其含义见表 6.5。

表 6.5　比较矩阵中标度的含义

标度	含义
1	表示两个因素相比，具有相同重要性
3	表示两个因素相比，前者比后者稍重要
5	表示两个因素相比，前者比后者明显重要
7	表示两个因素相比，前者比后者强烈重要
9	表示两个因素相比，前者比后者极端重要
2、4、6、8	表示上述相邻判断的中间值
倒数	若元素 i 与 j 重要性之比为 a_{ij}，则元素 j 与 i 重要性之比为 $a_{ij} = 1/a_{ji}$

（3）计算元素相对权重。

对 n 个元素权重排序，并进行一致性检验，即为层次的单排序。可以归结于

求判断矩阵的特征值和特征向量问题,计算满足:

$$A\omega = \lambda_{\max}\omega \qquad (6.26)$$

式中,A 为判断矩阵;$\lambda_{\max}$ 为矩阵的最大特征根;ω 为对应于 $\lambda_{\max}$ 的正规化特征向量,其分量 $(\omega_1, \omega_2, \cdots, \omega_n)$ 即为相应元素的单排序权重值。

采用层次分析法计算元素权重,需要判断矩阵 A 的一致性,即满足 $a_{ij} \cdot a_{jk} = a_{ik}(i, j, k = 1, 2, \cdots, n)$。如果成立,则判断矩阵具有完全的一致性,计算获得的权重值基本合理。

因此 $\lambda_{\max}$ 需要进行一致性检验,采用一致性指标表示,其计算公式为

$$CI = \frac{\lambda_{\max} - n}{n - 1} \qquad (6.27)$$

然后将一致性指标 CI 与平均随机一致性指标 RI 进行比较,即一致性比例 CR,其计算公式为

$$CR = \frac{CI}{RI} \qquad (6.28)$$

当 CR<0.10 时,则判断矩阵具有满意的一致性,否则需要对判断矩阵进行调整。

(4) 层次总排序。

根据同一层次单排序的结果,计算出相对于上层次的本层次所有元素相对重要性的权重值,即层次总排序,见表 6.6。

表 6.6　层次总排序的计算

层次 A　层次 B	A_1　a_1	A_2　a_2	…	A_m　a_m	B 层总排序
B_1	b_{11}	b_{12}	…	b_{1m}	$\sum\limits_{j=1}^{m} a_j b_{1j}$
B_2	b_{21}	b_{22}	…	b_{2m}	$\sum\limits_{j=1}^{m} a_j b_{2j}$
⋮	⋮	⋮	⋮	⋮	⋮
B_n	b_{n1}	b_{n2}	…	b_{nm}	$\sum\limits_{j=1}^{m} a_j b_{nj}$

层次分析法的最终结果是得到相对于总目标各决策方案的优先顺序权重,并给出这一组合排序权重所依据的整个递阶层次结构所有判断的总体一致性指标,据此可以做出决策。

生态环境脆弱性定量评价根据各评价指标栅格化数据及其对应权重,计算获得研究区每个像元的脆弱性指数,其计算公式如下:

$$EVI = \sum_{i=1}^{n} \omega_i f_i \qquad (6.29)$$

式中,EVI 为生态环境脆弱性指数;f_i 为评价指标等级;ω_i 为评价指标权重;n 为评价指标数。

综合考虑滦河流域特点和相关研究成果,确定滦河流域生态环境脆弱性分级标准见表 6.7。

表 6.7　滦河流域生态环境脆弱性分级标准

综合评级	等级	脆弱性指数	特征
潜在脆弱	I	<2	生态系统稳定、抗干扰能力强
微度脆弱	II	2~3	生态系统较稳定、抗干扰能力较强、微度水土流失
轻度脆弱	III	3~3.5	生态系统较不稳定、抗干扰能力较差、轻度水土流失与土壤退化
中度脆弱	IV	3.5~4.5	生态系统不稳定、抗干扰能力差、中度水土流失与土壤退化
重度脆弱	V	>4.5	生态系统极不稳定、抗干扰能力极差、重度水土流失与土壤退化

采用乘算模型对脆弱性综合指数进行计算,其计算公式如下所示:

$$\text{EVSI} = \sum_{i=1}^{n} P_i \frac{A_i}{S} \qquad (6.30)$$

式中,EVSI 为生态环境脆弱性综合指数;P_i 为各脆弱性分级标准值;A_i 为脆弱性等级 i 的面积;S 为总面积;n 为脆弱性等级数。

生态环境脆弱性评价流程如图 6.1 所示。

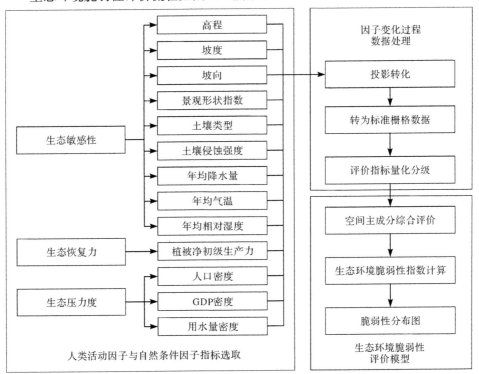

图 6.1　生态环境脆弱性评价流程

6.2　湿　　地

6.2.1　湿地的分布

根据水利部海河水利委员会 2005 年湿地调查工作统计,滦河流域共有 66 个湿地,占海河流域湿地总数的 17.93%,湿地面积为 14.92 万 hm²,占海河流域湿地总面积的 16.96%。包括滨海、河流、湖泊、沼泽、库塘五类湿地,主要以滨海湿地和河流湿地为主,其中滨海湿地 4 个,占海河流域滨海湿地总数的 40.00%;面积为 4.61 万 hm²,占海河流域滨海湿地总面积的 14.35%;河流湿地共 18 个,占海河流域河流湿地总数的 12.59%,面积为 2.78 万 hm²,占海河流域河流湿地总面积的 11.75%;湖泊湿地 4 个,占海河流域湖泊湿地总数的 26.67%;面积为 0.53 万 hm²,占海河流域湖泊湿地总面积的 6.93%;沼泽湿地 31 个,占海河流域沼泽湿地总数的 56.36%;面积为 4.05 万 hm²,占海河流域沼泽湿地总面积的 93.26%;库塘湿地 9 个,占海河流域库塘湿地总数的6.21%;面积为 2.96 万 hm²,占海河流域库塘湿地总面积的 14.65%。滦河重要的湿地有滦河河口湿地、唐海湿地、闪电河湿地等。

6.2.2　湿地的面积变化

滦河流域湿地变化主要经历了以下三个阶段:

(1) 1949～1957 年,由于尚未对洼淀进行大规模的改造,天然湿地在滦河流域广泛分布,并且这些洼淀在调蓄流域洪水方面起到重要作用。

(2) 20 世纪 60～70 年代末,天然湿地开始逐步消亡,随着水资源开发利用程度的提高和降水减少,湿地面积大幅减小。其中滦河流域湿地面积大约为 20 世纪 50 年代的 60%。

(3) 20 世纪 80 年代初至今,研究区的湿地依然处于萎缩的趋势。伴随水资源过度开发和不适当的土地开垦以及城市的发展,建筑、生产等用地挤占了湿地、湖泊和洼淀面积,其中 2010 年滦河湿地的水面面积为 50 年代水面面积的 50%左右。应用 IDRISI-LCM 模型对滦河流域 80 年代和 21 世纪初的土地利用图进行分析处理,获得流域湿地的变化特征,如图 6.2 所示。根据模型分析结果可知,20 年间滦河流域湿地持续萎缩,主要转化为草地、林地和耕地,另有一小部分用作城乡居民及生活用地。

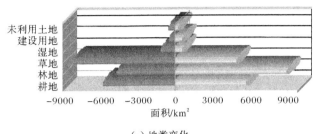

（a）地类变化

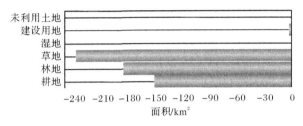

（b）湿地净变化

图 6.2   20 世纪 80 年代～21 世纪初滦河流域地类变化及湿地净变化情况

6.3   水   质

对滦河流域水质站 1990～2010 年期间的监测数据进行分析整理,剔除不符合条件的数据。采用模糊综合评价法对水质数据进行评估,采用 Mann-Kendall 非参数检验方法和滑动 t 检验方法对其变化趋势和突变情况进行分析处理,水质分析项基本信息见表 6.8。

表 6.8   水质分析项基本信息

研究区	评价因子	空间范围	时间范围
滦河流域	溶解氧（DO）、高锰酸盐指数（COD_{Mn}）、氨氮（NH_3-N）、总磷（TP）、砷（As）和挥发酚（VLPH）	包括庙宫水库在内的 28 个站点	1990～2010 年

6.3.1   水质趋势变化

综合考虑数据的完整性和水质站的代表性,选定乌龙矶、承德及大型水库（潘家口水库、大黑汀水库和庙宫水库）的 5 个水质站进行水质分析,站点分布如图 6.3 所示。

为了更加深入而全面地研究各项水质指标的变化特征,本书从变化趋势和突变检测两方面进行数据分析。应用 Excel VBA 趋势分析程序处理滦河流域 5 个

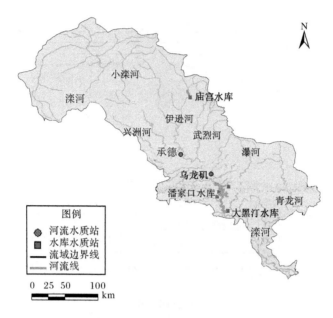

图 6.3　滦河流域水质站空间分布

水质站的数据,其分析结果如图 6.4~图 6.13 所示。

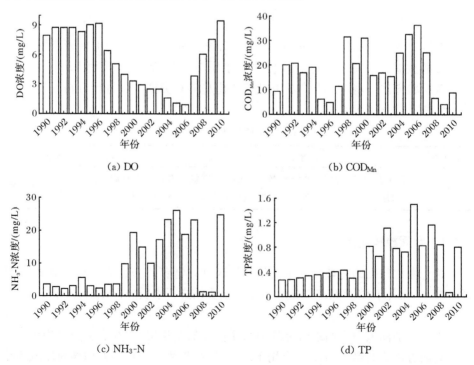

(a) DO　　　　　　　　　　　　　　(b) COD$_{Mn}$

(c) NH$_3$-N　　　　　　　　　　　　(d) TP

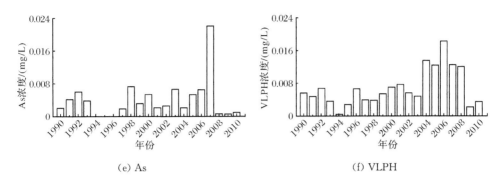

(e) As　　　　　　　　　　　　　　　　　　　(f) VLPH

图 6.4　承德站各项水质指标年平均值时间序列图

Mann-Kendall 检验结果表明,承德站所采集的水质指标除溶解氧外,其余各项均呈现上升趋势。其中,溶解氧、氨氮和总磷的检验结果都通过了置信度为 95% 的显著性检验,表明其浓度变化趋势明显。通过 6 项水质指标的滑动 t 检验结果可知,溶解氧检验值曲线在 1997 年达到最高,并超过了显著性水平 $\alpha=0.05$ 的临界值,而氨氮和总磷的检验值曲线均在 1999 年达到最低,挥发酚则在 2004 年达到最低值,并超过了显著性水平 $\alpha=0.05$ 的临界值,可以判断在各自对应的时间节点前后发生了突变。

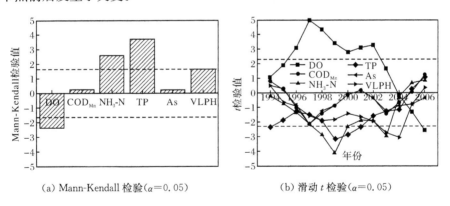

(a) Mann-Kendall 检验($\alpha=0.05$)　　　　　　(b) 滑动 t 检验($\alpha=0.05$)

图 6.5　承德站各项水质指标 Mann-Kendall 和滑动 t 检验结果

Mann-Kendall 检验结果表明,乌龙矶站水体中高锰酸盐指数、砷和挥发酚浓度呈现下降趋势,而氨氮和总磷浓度则呈现上升趋势,溶解氧浓度变化趋势不明显。其中,氨氮和总磷的检验结果都通过了置信度为 95% 的显著性检验,表明其浓度变化趋势明显。通过 6 项水质指标的滑动 t 检验结果可知,总磷的检验值曲线在 1995 年达到最高,并超过了显著性水平 $\alpha=0.05$ 的临界值,而高锰酸盐指数的检验值曲线在 2005 年达到最低,并超过了显著性水平 $\alpha=0.05$ 的临界值,可以判断在各自对应的时间节点前后发生了突变。

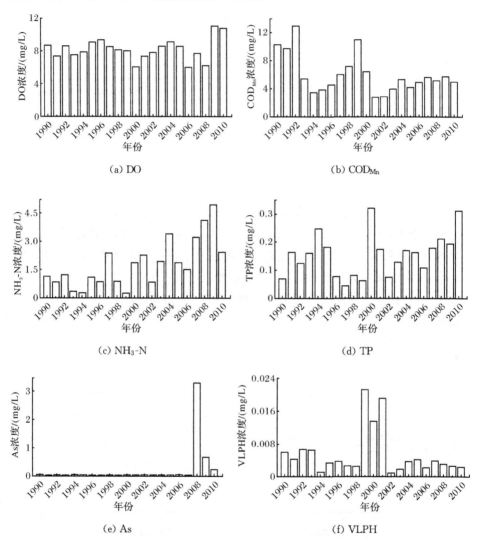

图 6.6　乌龙矶站各项水质指标年平均值时间序列图

　　Mann-Kendall 检验结果表明,潘家口水库水体中除挥发酚外的其他水质指标浓度均呈现上升趋势。其中,高锰酸盐指数、氨氮和总磷的检验结果都通过了置信度为 95% 的显著性检验,表明其浓度变化趋势明显。通过 6 项水质指标的滑动 t 检验结果可知,挥发酚和溶解氧的检验值曲线分别于 1995 年和 1996 年达到最高,并超过了显著性水平 $\alpha=0.05$ 的临界值,而高锰酸盐指数、总磷、氨氮和砷的检验值曲线分别于 1997 年、2000 年、2002 年和 2003 年达到最低,并超过了显著性

水平 $\alpha=0.05$ 的临界值，可以判断在各自对应的时间节点前后发生了突变。

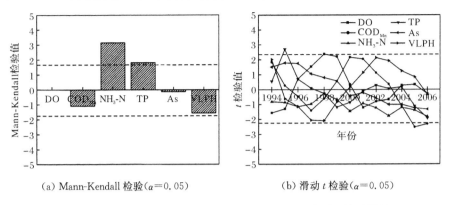

（a）Mann-Kendall 检验（$\alpha=0.05$）　　　　（b）滑动 t 检验（$\alpha=0.05$）

图 6.7　乌龙矶站各项水质指标 Mann-Kendall 和滑动 t 检验结果

　　Mann-Kendall 检验结果表明，大黑汀水库水体中除挥发酚浓度呈现下降趋势，其余各项水质指标均呈现上升趋势。其中，高锰酸盐指数、氨氮和总磷的检验结果都通过了置信度为 95% 的显著性检验，表明其浓度变化趋势明显。通过 6 项水质指标的滑动 t 检验结果可知，溶解氧的检验值曲线在 1996 年达到最高，并超过了显著性水平 $\alpha=0.05$ 的临界值，而高锰酸盐指数、总磷、砷和氨氮的检验值曲

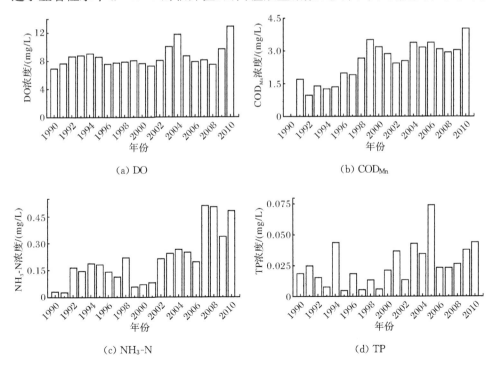

（a）DO　　　　　　　　　　　　　　　（b）CODMn

（c）NH₃-N　　　　　　　　　　　　　　（d）TP

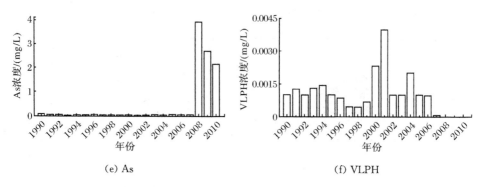

(e) As 　　　　　　　　　　(f) VLPH

图 6.8　潘家口水库各项水质指标年平均值时间序列图

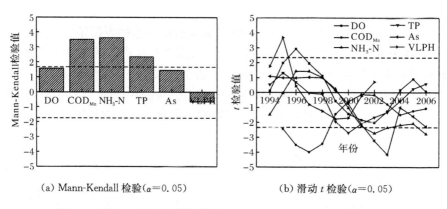

（a）Mann-Kendall 检验（α＝0.05）　　　（b）滑动 t 检验（α＝0.05）

图 6.9　潘家口水库各项水质指标 Mann-Kendall 和滑动 t 检验结果

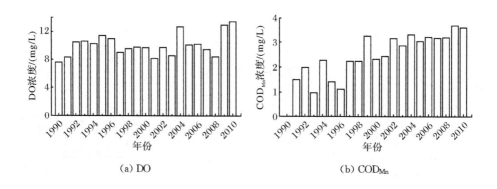

(a) DO　　　　　　　　　　(b) COD_{Mn}

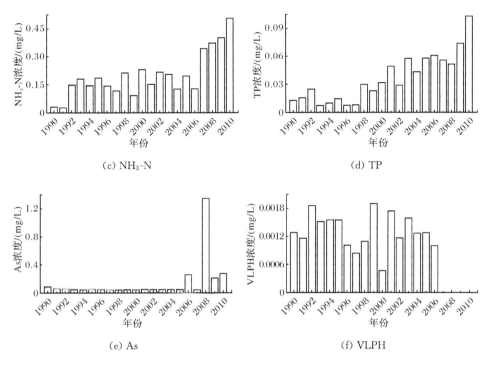

(c) NH$_3$-N

(d) TP

(e) As

(f) VLPH

图 6.10　大黑汀水库各项水质指标年平均值时间序列图

线分别在 1997 年、1998 年、2001 年和 2006 年达到最低,并超过了显著性水平 $\alpha=$ 0.05 的临界值,可以判断在各自对应的时间节点前后发生了突变。

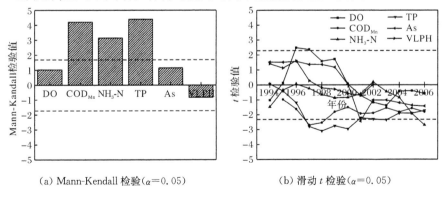

(a) Mann-Kendall 检验($\alpha=0.05$)

(b) 滑动 t 检验($\alpha=0.05$)

图 6.11　大黑汀水库各项水质指标 Mann-Kendall 和滑动 t 检验结果

Mann-Kendall 检验结果表明,庙宫水库水体中溶解氧浓度呈现下降趋势,而高锰酸盐指数、氨氮、总磷和挥发酚浓度则呈现上升趋势,砷浓度变化趋势不明显,其中,溶解氧、氨氮和总磷的检验结果都通过了置信度为 95% 的显著性检验,表明其浓度变化趋势明显。通过 6 项水质指标的滑动 t 检验结果可知,溶解氧检验值曲线在 1997 年达到最高,并超过了显著性水平 $\alpha=0.05$ 的临界值,而氨氮和总磷的检验值曲线均在 1995 年达到最低,并超过了显著性水平 $\alpha=0.05$ 的临界值,可以判断在各自对应的时间节点前后发生了突变。

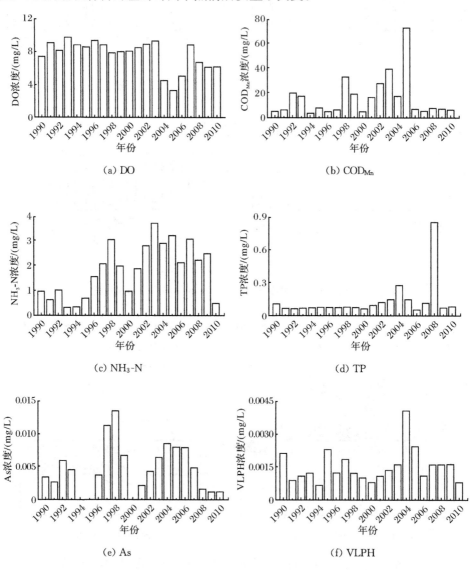

图 6.12　庙宫水库各项水质指标年平均值时间序列图

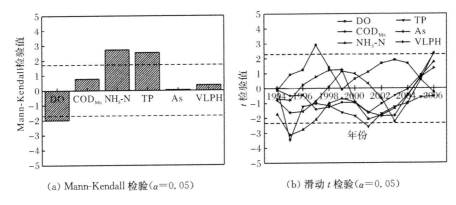

（a）Mann-Kendall 检验（α＝0.05）　　　（b）滑动 t 检验（α＝0.05）

图 6.13　庙宫水库各项水质指标 Mann-Kendall 和滑动 t 检验结果

6.3.2　水质评价结果

研究中采用模糊综合评价法对研究区 1990～2010 年的水质监测数据进行分析处理。由于所需要分析的水质站较多,时间序列长,因此应用模糊综合评价的数据量较大,为了方便处理,利用 Excel 数据处理功能并结合 VBA 平台编写模糊综合评价程序对数据进行综合分析。应用 Excel VBA 模糊综合评价程序处理滦河流域 5 个水质站的数据,其分析结果如图 6.14～图 6.18 所示。

承德站和乌龙矶站两个水质站均位于滦河中上游（潘家口水库之上）,该地区山丘黄土分布广泛,植被破坏严重,再加上暴雨多发,造成水土流失严重,虽然非灌溉型的山区农业占主要地位,但大量的矿山开采使得滦河水质及地质耗氧污染物、酚和重金属等的含量较高。由两个站点的水质评价结果（图 6.14 和图 6.15）可知,随着滦河流域的发展,水体质量均呈现恶化趋势。

由潘家口水库水质站点模糊综合评价结果（图 6.16）可知,2006 年以后潘家口水库的水质已经由最初的 Ⅰ 类水体恶化为 Ⅲ 类水体,之后又恢复为 Ⅱ 类水体。

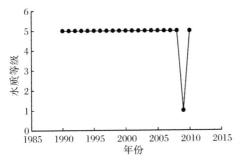

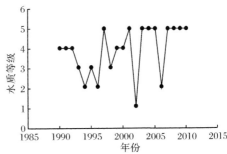

图 6.14　承德站水质模糊综合评价结果　　　图 6.15　乌龙矶站水质模糊综合评价结果

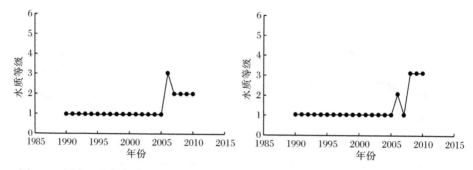

图 6.16　潘家口水库水质模糊综合评价结果　　图 6.17　大黑汀水库水质模糊综合评价结果

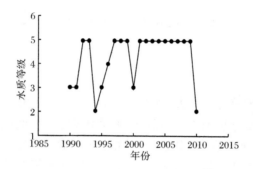

图 6.18　庙宫水库水质模糊综合评价结果

由于水库上游工业和城市生活污水、农业非点源污染的日益加重以及水库网箱养鱼的无序发展,水库的水质状况呈现出逐年下降的趋势,水体已经出现富营养化状况,严重威胁水源地的供水安全,若要满足周边地区的工农业和城市用水需求,需进行水环境综合整治。

由综合评价结果可知,大黑汀水库(图 6.17)已经由最初的 Ⅰ 类水体变为Ⅲ类水体,其水质恶化的原因与潘家口水库相同,有研究分析表明,水库总污染负荷中,水源地上游工业点源和城市生活污水占 40%,水库网箱养鱼占 30%,水库上游及周边农业面源占 30%。应进一步加大对饮用水源地的保护,出台相应的法规约束上游排污行为,严格限制入库负荷,同时加大研究力度,为水库治理提供可行决策支持。

由 1990~2010 年水质综合分析结果可知,庙宫水库(图 6.18)水质波动较大,由 1990 年的Ⅲ类水体逐渐恶化为 Ⅴ 类水体,主要污染物是氮磷和高锰酸盐指数,水体在 2010 年又恢复到 Ⅱ 类水体标准,作为以防洪为主,兼顾农田灌溉的水体,水质可满足要求。

6.4 水生生物多样性

6.4.1 浮游植物

1987~1988年,滦河曾进行过一次系统的生物学调查。调查显示,滦河引滦工程上游有浮游植物83属,优势种为硅藻,密度为1.879×10^6个/L,生物量平均值为2.22mg/L。

2001~2002年,王新华等对滦河引滦工程上游浮游植物进行了调查,调查显示有浮游植物76种,优势种为硅藻,密度为1.102×10^6个/L,生物量平均值为1.25mg/L[89]。

2009年,宋芬[90]对滦河20个采样点采样结果分析显示,滦河水系各采样点采集到的浮游植物共计7门80属204种,其中绿藻32属63种,占浮游藻类种类总数的30.88%;硅藻门22属82种,占种类总数的40.20%;蓝藻门15属32种,占种类总数的15.69%;裸藻门5属16种,占种类总数的7.84%;隐藻门2属5种,甲藻门3属3种和金藻门1属3种,分别占浮游藻类种类总数的2.45%、1.47%和1.47%。蓝藻门的色球藻、小胶鞘藻、湖泊鞘丝藻和极大螺旋藻,硅藻门的尖针杆藻、谷皮菱形藻、隐头舟形藻、梅尼小环藻、普通等片藻、扁圆卵形藻、桥弯藻、极小桥弯藻、膨胀桥弯藻、偏肿桥弯藻等,绿藻门的栅藻、德巴衣藻和水溪绿球藻在部分采样点形成一定的优势。滦河水系不同采样点的优势种群存在一定的变化,优势种群的组成以硅藻为主,其中硅藻门的小环藻和梅尼小环藻在较多采样点形成优势。滦河水系浮游植物的密度为$0.01 \times 10^6 \sim 16.11 \times 10^6$个/L,密度平均值为$2.33 \times 10^6$个/L,生物量平均值为1.41mg/L,从滦河水系浮游植物密度组成来看,主要由蓝藻和硅藻组成,两者占浮游植物总密度的79.40%。从生物量组成看,主要由硅藻和裸藻组成,两者占浮游植物总密度的65.25%。滦河浮游植物的Shannon-Wiener指数为0.44~4.59,平均值为3.50;Margalef指数为3.07~10.04,平均值为6.63;Pielou指数为0.09~0.86,平均值为0.67。

水库方面,由于滦河流域上游地区经济发展迅速,所产生的生活污水和工业废水已经严重影响水库水质,兼之水库周边农业非点源污染和库内网箱养殖的增加,水库水体已经由建库初期的贫营养恶化为目前的中度营养级别,氮磷等营养物质的大量排放也直接影响水库中浮游植物的时空变化规律。潘家口水库的浮游植物组成变化情况见表6.9。

表6.9　潘家口水库的浮游植物组成变化情况

变化状况	增加种群	减少种群
第1次至第2次	星球藻、胶须藻、席藻、鞘丝藻、四集藻、月牙藻、韦丝藻、纺锤藻、微茫藻、四星藻、转板藻、角星鼓藻、双壁藻、辅节藻	腔球藻、念球藻、须藻、胶鞘藻、棒多藻、螺旋藻、空球藻、鞘藻、毛枝藻、转板藻、多芒藻、绿星状藻、集星藻、纤维藻、葡萄藻、绿球藻、新月藻、小球藻、小桩藻、网球藻、球脆藻、微囊藻、拟新月藻、四鞭藻、弓形藻、衣藻、粗棘藻、并联藻、曲壳藻、四棘藻、等片藻、双臂藻、异极藻、根管藻、弯契藻、平鞭金藻、棕鞭金藻、蓝隐藻、裸甲藻、囊裸藻、扁裸藻
第2次至第3次	柱孢藻、螺旋藻、尖头藻、弓形藻、衣藻、新月鼓藻、棘接鼓藻、小球藻、四鞭藻、胶网藻、空球藻、微孢藻、集星藻、芒锥藻、蹄形藻、多突藻、多芒藻、平板藻、双菱藻、羽纹藻、双眉藻、薄甲藻、拟多甲藻、单鞭金藻、扁裸藻、囊裸藻	星球藻、胶须藻、鞘丝藻、转板藻、月牙藻、韦丝藻、纺锤藻、微茫藻、四星藻、辅节藻、卵形藻、菱形藻

河流污染物对浮游植物的影响发生在各个生物组建水平,如亚细胞、细胞、个体、种群、群落和生态系统等,因此可以根据取得的指标来确定评价标准,进而划分污染程度。1908年,Kolkwitz和Marrson开始提出指示河流有机污染的污水生物系统,为不同的污染带定义不同的指示生物,在此基础上提出了用整个浮游植物群落的种类组成和优势种群的变化来评价污染。1964年,Fjerdingstad根据受生活污水污染的水体中优势生物种类的不同,划分了九种污染带。Hutchinson和Wetzel进而总结了不同营养类型湖泊中浮游植物群落优势种群,见表6.10。

表6.10　不同营养类型湖泊中浮游植物群落优势种群及特征

营养类型	水体特征	优势藻类
贫营养型	略酸性、盐度极低	鼓藻、义链藻、义星藻
	中性至微碱性;营养贫乏湖泊	硅藻,特别是小环藻和平板藻
	中性至微碱性;营养贫乏湖泊或营养降低季节的较高产湖泊	金藻,特别是锥囊藻和鱼鳞藻
	中性至微碱性;营养贫乏湖泊	绿球藻类中的卵囊藻或金藻中的丛粒藻
	中性至微碱性;通常营养贫乏	甲藻,特别是多甲藻和角藻
中营养型	中性至微碱性;全年优势或某些季节	甲藻,一些多甲藻和角藻
富营养型	营养物丰富的碱性湖泊	全年多见硅藻,特别是星杆藻、针杆藻、冠盘藻、克劳脆杆藻和颗粒直链藻
	通常碱性;营养物丰富;温暖季节的温带湖泊或热带湖泊	蓝藻,特别是微囊藻、束丝藻、鱼腥藻

由三次水库调查结果可知,经过20多年的变化,潘家口水库的浮游植物呈现由硅藻逐渐向硅甲藻,再向蓝绿藻演变的趋势,其优势类群情况见表6.11。

表 6.11　潘家口水库浮游植物优势种群

时间	5 月优势种群	9 月优势种群
1987～1988 年	小环藻	小环藻
2001～2002 年	锥囊藻、星杆藻、舟形藻	菱形藻、角甲藻
2009 年	针杆藻、小环藻、假鱼腥藻	假鱼腥藻、栅藻

　　根据水利部水文局《关于开展藻类监测试点工作的通知》,2009 年之后海河流域水环境监测中心加强了对流域内重点湖库的浮游植物监测,包括滦河流域的潘家口水库和大黑汀水库,其中潘家口水库共 4 个监测断面,分别是瀑河口、燕子峪、库区、坝上;大黑汀水库共 3 个监测断面,分别是网箱、坝上、下池。监测时段为 2010 年 5～11 月、2011 年 5～10 月以及 2012 年 4～11 月(部分监测断面数据缺失)。生物监测数据采用 DPS 数据处理系统和 SPSS 统计软件进行分析,计算相应的优势种群(dominant species,DS)、Shannon-Wiener 多样性指数(H')和均匀度指数(J'),其分析结果见表 6.12。

表 6.12　滦河流域重点湖库监测断面浮游植物优势种群及多样性

监测时间	项目	潘家口水库				大黑汀水库		
		瀑河口	燕子峪	库区	坝上	网箱	坝上	下池
2010 年	5 月 DS	隐藻、小环藻	衣藻、假鱼腥藻	衣藻	衣藻	衣藻	衣藻、小环藻	假鱼腥藻
	H'	1.77	1.87	1.46	0.01	0.82	1.50	1.40
	J'	0.76	0.94	0.73	0.01	0.82	0.95	0.88
	6 月 DS	隐藻、小环藻	小环藻、舟形藻	隐藻、衣藻	小环藻	小环藻	小环藻、衣藻	衣藻
	H'	1.47	1.97	1.76	1.35	0.96	1.34	1.00
	J'	0.73	0.85	0.76	0.67	0.48	0.67	0.63
	7 月 DS	—	针杆藻	假鱼腥藻	针杆藻	小球藻	假鱼腥藻	微囊藻
	H'	—	1.67	1.23	1.44	1.16	1.13	1.31
	J'	—	0.72	0.62	0.72	0.58	0.57	0.65
	8 月 DS	—	假鱼腥藻	假鱼腥藻	假鱼腥藻	假鱼腥藻	假鱼腥藻	假鱼腥藻
	H'	—	1.37	1.64	1.55	1.56	1.90	0.79
	J'	—	0.59	0.71	0.60	0.67	0.95	0.50
	9 月 DS	—	假鱼腥藻	假鱼腥藻	假鱼腥藻	假鱼腥藻	假鱼腥藻	假鱼腥藻
	H'	—	0.69	1.16	1.25	0.79	0.77	1.67
	J'	—	0.30	0.58	0.48	0.34	0.33	0.83

续表

监测时间		项目	潘家口水库				大黑汀水库		
			瀑河口	燕子峪	库区	坝上	网箱	坝上	下池
2010年	10月	DS	—	—	—	假鱼腥藻	—	衣藻、假鱼腥藻	假鱼腥藻
		H'	—	—	—	1.79	—	1.49	1.68
		J'	—	—	—	0.64	—	0.64	0.73
	11月	DS	—	—	—	假鱼腥藻、栅藻	—	假鱼腥藻	假鱼腥藻、衣藻
		H'	—	—	—	1.47	—	1.58	1.41
		J'	—	—	—	0.74	—	0.79	0.61
2011年	5月	DS	隐藻、小环藻	衣藻、假鱼腥藻	衣藻	衣藻	衣藻	衣藻、小环藻	假鱼腥藻
		H'	1.99	1.90	1.43	1.38	0.63	1.52	1.77
		J'	0.86	0.95	0.72	0.87	0.63	0.96	0.89
	6月	DS	针杆藻、小环藻	假鱼腥藻	假鱼腥藻	假鱼腥藻	衣藻	衣藻、卵囊藻	栅藻
		H'	1.56	1.12	0.77	1.55	1.45	0.15	0.97
		J'	0.98	0.70	0.39	0.67	0.72	0.15	0.61
	7月	DS	衣藻	假鱼腥藻	假鱼腥藻	假鱼腥藻	假鱼腥藻	衣藻、假鱼腥藻	假鱼腥藻
		H'	1.26	1.84	0.35	0.81	1.31	1.43	1.34
		J'	0.79	0.79	0.35	0.41	0.66	0.90	0.67
	8月	DS	假鱼腥藻	假鱼腥藻	假鱼腥藻	假鱼腥藻	假鱼腥藻	假鱼腥藻	假鱼腥藻
		H'	0.20	0.10	0.12	0.06	—	—	—
		J'	0.07	0.04	0.05	0.02	—	—	—
	9月	DS	假鱼腥藻	假鱼腥藻	假鱼腥藻	衣藻	拟鱼腥藻	衣藻、栅藻	实球藻、衣藻
		H'	1.24	1.46	1.25	1.55	1.08	1.69	1.14
		J'	0.78	0.63	0.54	0.78	0.46	0.73	0.57
	10月	DS	衣藻	假鱼腥藻	衣藻	假鱼腥藻	假鱼腥藻	假鱼腥藻	栅藻
		H'	1.26	1.65	1.29	1.52	0.81	1.49	1.27
		J'	0.79	0.71	0.56	0.76	0.41	0.75	0.64

监测时间		项目	潘家口水库			大黑汀水库			
			瀑河口	燕子峪	库区	坝上	网箱	坝上	下池
2012 年	4 月	DS	隐藻、小环藻	假鱼腥藻、衣藻	假鱼腥藻、衣藻	衣藻	衣藻	衣藻、小环藻	—
		H'	2.19	1.85	1.92	1.52	1.56	1.48	—
		J'	0.85	0.93	0.96	0.96	0.98	0.93	—
	5 月	DS	隐藻、小环藻	衣藻、假鱼腥藻	衣藻	衣藻	衣藻	衣藻、小环藻	—
		H'	1.99	1.90	1.43	1.38	0.63	1.52	—
		J'	0.86	0.95	0.72	0.87	0.63	0.96	—
	6 月	DS	隐藻、小环藻	衣藻、假鱼腥藻	衣藻	衣藻	衣藻	衣藻、小环藻	—
		H'	1.99	1.93	1.44	1.33	0.56	1.58	—
		J'	0.86	0.96	0.72	0.84	0.35	0.79	—
	7 月	DS	隐藻、小环藻	衣藻、假鱼腥藻	衣藻	衣藻	衣藻	衣藻、小环藻	—
		H'	1.99	1.93	1.44	1.33	0.56	1.58	—
		J'	0.86	0.96	0.72	0.84	0.35	0.79	—
	8 月	DS	假鱼腥藻	假鱼腥藻、衣藻	假鱼腥藻、衣藻	假鱼腥藻、衣藻	假鱼腥藻	假鱼腥藻、衣藻	
		H'	2.28	1.89	1.71	1.93	1.34	1.81	
		J'	0.88	0.95	0.74	0.83	0.58	0.78	
	9 月	DS	假鱼腥藻	假鱼腥藻、衣藻	假鱼腥藻、衣藻	假鱼腥藻、衣藻	假鱼腥藻、衣藻	假鱼腥藻、衣藻	
		H'	—	—	—	—	—	—	—
		J'	—	—	—	—	—	—	—
	10 月	DS	隐藻、小环藻	衣藻、假鱼腥藻	衣藻	衣藻	衣藻	衣藻、小环藻	—
		H'	1.68	1.95	1.50	1.47	0.56	1.45	—
		J'	0.72	0.98	0.75	0.74	0.36	0.73	—
	11 月	DS	隐藻、小环藻	衣藻、假鱼腥藻	衣藻	衣藻	衣藻	衣藻、小环藻	—
		H'	1.70	1.94	1.51	1.58	0.30	1.19	—
		J'	0.73	0.97	0.75	0.79	0.19	0.60	—

　　通过对滦河流域重点湖库的浮游植物监测断面生物多样性分析表明,从季节变化上看,各水库浮游植物夏季的多样性和均匀度较高,秋季次之,春季最低,符合藻类一般生长变化规律。而从空间分布上看,潘家口水库和大黑汀水库的生物多样性和均匀度呈现出由库区入库向坝前逐渐减小的趋势。一般而言,较为稳定的群落具有较高的多样性和均匀度。通过分析可知,目前潘家口水库、大黑汀水库的群落结构均处于较为稳定的状态。

6.4.2　浮游动物

　　2009 年,黎洁[91]在滦河水系共设置了 20 个采样站,其中 5 个位于滦河下游,6 个位于滦河中游,4 个位于滦河上游,3 个位于滦河支流青龙河,2 个位于滦河支流武烈河。本次调查中共检测到滦河浮游动物 88 属 129 种。其中轮虫种类最多,共计 38 属 66 种,占种类组成的 51.16%;其次是原生动物,34 属 45 种,占种类组成的 34.88%;枝角类 10 属 12 种,占 9.30%;桡足类及其无节幼体 6 属 6 种,仅占 4.66%。滦河水系的优势种有:裂足臂尾轮虫、前节晶囊轮虫、曲腿龟甲轮虫、螺形龟甲轮虫、缘板龟甲轮虫、针簇多肢轮虫、大肚须足轮虫、长刺异尾轮虫、方块鬼轮虫、迈氏三肢轮虫、懒轮虫、阔口游仆虫、球形砂壳虫、褐砂壳虫、刺胞虫。19 个采样点中,浮游动物的分布差异较大,总密度在 0.05～34156.05 个/L,密度平均值为 2831.40 个/L。其中,滦河下游的 L1、L2 浮游动物密度最大,水体营养程度为富营养状态。滦河的浮游动物的密度组成以原生动物为主,平均相对密度达 68.72%,其次是轮虫,平均密度为 21.07%,枝角类和桡足类的平均密度仅占 3.99%和 6.22%。

6.4.3　底栖动物

　　底栖动物方面,滦河干流 15 个采样点分析结果表明,滦河干流共有底栖动物 94 种,隶属于 5 门 12 目。节肢动物门 76 种,其中蜉蝣目 15 种,毛翅目 12 种,双翅目 26 种,鞘翅目 12 种,蜻蜓目 4 种,蛛形纲 4 种,十足目 2 种,半翅目 1 种;软体动物门 3 种,其中腹足纲 1 种,瓣鳃纲 2 种;环节动物门 11 种,其中寡毛纲 6 种,蛭纲 5 种;线形动物门 3 种;扁形动物门 1 种。

　　从底栖动物种类的分布来看,滦河上游种类非常丰富,下游干流种类次之,潘家口水库库区仅有少数种类,水库以下河段种类极少。底栖动物的生存受水质、污染物类型、生境特征、沉积物类型和水文特征等因素的影响。调查充分考虑了季节因素和河流水文特征,共分两次采集底栖动物标本。结果显示,滦河上游的底栖动物种类丰富,在一些有溪流特征的河段,水生动物的种类较为丰富,一些对水质敏感的蜉蝣目、毛翅目种群均有分布。至滦河干流,种类多样性降低,鞘翅目、寡毛类和摇蚊类分布较多。也有一些流速较小的河湾区域有螺类(主要是萝卜螺类)和虾类分布。在潘家口水库区,基本上只有耐受污染类的摇蚊类和寡毛类分布,无其他种类。潘家口水库以下,河道干涸,基本处于断流状态,有一些生活于静态水体的底栖动物,基本上是摇蚊类、寡毛类、螺类和鞘翅目类分布。

6.5　植　被

6.5.1　植被覆盖情况

对研究区植被覆盖变化分析主要从植被覆盖度的变化进行分析,将各个时期的植被覆盖度进行分级统计和对比分析。但是由于收集数据时间跨度比较大,分级标准不完全一致。20 世纪 80 年代植被覆盖度分级参照国内外的分类标准,植被覆盖度分级指标如下:高覆被为>90%,中高覆被为 70%~90%,中覆被为 50%~70%,中低覆被为 30%~50%,低覆被为 10%~30%,裸地为<10%的六级分类系统。20 世纪 90 年代和 21 世纪初是根据水利部颁发的《土壤侵蚀分类分级标准》(SL 190—2007)中的面蚀分级指标,将植被覆盖度的分级指标定位为:>75%,60%~75%,45%~60%,30%~45%,10%~30%,<10%的六级分类系统。在进行对比分析时基本上按中高覆被为>75%,中覆被 45%~75%,中低覆被 30%~45%,低覆被 10%~30%,裸地<10%的五级分类系统,对各时期的植被覆盖盖情况进行归并统计,见表 6.13。

表 6.13　滦河流域植被覆盖度统计

调查时间	土地面积 /km²	>75%		45%~75%		30%~45%		10%~30%		<10%	
		面积 /km²	比例 /%	面积 /km²	比例 /%	面积 /km²	比例 /%	面积 /km²	比例 /%	面积 /km²	比例 /%
20 世纪 80 年代	43940.00	13691.68	31.16	7233.27	16.46	8227.53	18.72	7178.59	16.34	7608.93	17.32
20 世纪 90 年代	43957.44	8521.76	19.39	12780.58	29.07	7970.44	18.13	7675.67	17.46	7008.99	15.95
21 世纪初	43968.02	6802.86	15.47	13450.25	30.59	10912.73	24.82	8395.78	19.10	4406.40	10.02

据统计,滦河流域山区植被覆盖度>75%的地区,主要是承德地区的隆化、围场、承德和丰宁等县,这些区域植被较好,土壤侵蚀相对轻微;植被覆盖度<10%的区域主要集中在内蒙古高原坝上地区的沽源、太仆寺旗和多伦等县,天然植被较少,主要植被以牧草为主,水蚀、风蚀交错。

6.5.2　植被变化情况

据统计(表 6.13 和图 6.19),滦河流域山区高覆被>75%的植被覆盖度面积持续减小,从 31.16%减小到 15.47%;中覆被 45%～75%的植被覆盖度面积持续增加,从 16.46%增加到 30.59%;中低覆被 30%～45%的植被覆盖度面积基本呈现增加趋势,从 18.72%增加到 24.82%;低覆被 10%～30%的植被覆盖度面积持续增加,从 16.34%增加到 19.10%;裸地植被覆盖度在 10%以下的面积持续减少,从17.32%减少到 10.02%。

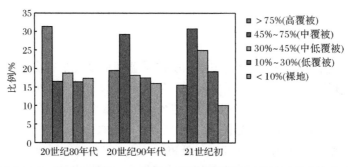

图 6.19　20 世纪 80 年代～21 世纪初滦河流域研究区植被覆盖度变化对比

　　根据研究区不同植被覆盖度土地面积统计分析,结果表明,滦河流域山区高覆被(植被覆盖度＞75%)植被面积和裸地(植被覆盖度＜10%)面积明显减小,中覆被(植被覆盖度 45%～75%)植被面积明显增加,中低覆被(植被覆盖度 30%～45%)和低覆被(植被覆盖度 10%～30%)植被面积逐渐增加。20 世纪 80 年代～21 世纪初,滦河流域山区植被覆盖从以高覆被为主变为以中覆被为主。这些变化说明,区域经济社会的发展对森林覆盖造成了较大影响,原本植被茂密的林草地遭受一定的破坏,水土流失综合治理及时遏制了植被状况恶化的趋势,但是要使植被覆盖恢复到较好的状态还需要较长的时间。

6.6　水 土 流 失

　　滦河流域山区是京津冀地区重要水源地,自然条件复杂多样,是典型的生态脆弱带,属经济欠发达地区。自潘家口水库建库以来,土壤侵蚀加剧水质恶化趋势[92]。土壤侵蚀不但严重影响区域的生态环境,还对京津冀地区人民生产生活水平带来很大压力。

6.6.1　水土流失情况

　　滦河流域第一次(20 世纪 80 年代)水土流失遥感调查分别采用 MSS 遥感图像,空间分辨率分别为 79m×79m。第二次(20 世纪 90 年代)、第三次(21 世纪初)水土流失遥感调查分别采用 TM、ETM 数字遥感图像,空间分辨率分别为 30m×

30m 和 15m×15m。各次水土流失遥感调查均根据水利部统一部署和统一的技术标准实施。虽然三次水土流失遥感调查所采用的遥感图像分辨率不同,在数据精度上存在一定的差异,经过数据处理,在总体上仍具有可比性。每一次的遥感调查数据都是对流域范围内的监测年度土壤侵蚀状况的体现。成果本身是单独的,但如果把这些成果放在一起,通过数据之间的对比,就可以判定区域内土壤侵蚀的变化情况,确定侵蚀强度变化的幅度与范围[93]。研究区土壤侵蚀遥感调查结果及水土流失情况见表 6.14 和表 6.15。

从表中可以看出,20 世纪 80 年代滦河流域山区面积 43940.00km²,水土流失面积 28538.53km²,占流域山区面积的 64.95%,土壤侵蚀主要在坝上高原和中下游低山丘陵区,淤积已经对潘家口水库逐渐产生威胁;90 年代滦河流域山区面积 43957.44km²,水土流失面积 24947.09km²,占流域山区面积 56.75%;21 世纪初滦河流域山区面积 43968.02km²,水土流失面积 21040.90km²,占流域山区面积 47.86%。

20 世纪 80 年代～21 世纪初滦河流域山区土壤侵蚀图如图 6.20 所示。

6.6.2　土壤侵蚀动态分析

1. 水土流失总体变化情况

根据研究区三次土壤侵蚀遥感调查结果绘制研究区不同时期水土流失柱状图,如图 6.21 所示。从图中可以看到,滦河流域山区水土流失面积明显减小,滦河流域山区水土流失动态变化情况为:水土流失面积第二次比第一次减小 3591.44km²,减小约 12.58%,水土流失面积第三次比第二次减小 3906.19km²,减小约 15.66%。

2. 各级侵蚀强度面积变化情况

由表 6.15 可知,滦河流域山区强烈、中度以上侵蚀面积急剧减小。其中,滦河流域山区强烈以上侵蚀面积由第一次的 2868.39km² 减小到第二次的 756.38km²,第二次比第一次减小 2112.01km²,由第二次减小到第三次的 343.26km²,第三次比第二次减小 413.12km²;中度以上侵蚀面积由第一次的 15159.49km² 减小到第二次的 11529.62km²,第二次比第一次减小 3629.87km²,由第二次减小到第三次的 4922.32km²,第三次比第二次减小 6607.30km²。从图 6.21 也可以看出,研究区的土壤侵蚀强度在迅速下降,这得益于国家政府对生态环境逐渐重视,水土流失治理力度逐步增强。

表 6.14　研究区土壤侵蚀遥感调查结果对比

调查时间	土地面积/km²	各级强度土壤侵蚀面积												轻度以上	
		微度		轻度		中度		强烈		极强烈		剧烈		面积	
		面积/km²	比例/%	面积/km²	比例/%	面积/km²	比例/%	面积/km²	比例/%	面积/km²	比例/%	面积/km²	比例/%	面积/km²	比例/%
20世纪80年代	43940.00	15401.47	35.05	13379.04	30.45	12291.10	27.97	2514.89	5.72	353.50	0.81	—	—	28538.53	64.95
20世纪90年代	43957.44	19010.35	43.25	13417.47	30.52	10773.24	24.51	715.88	1.63	40.50	0.09	—	—	24947.09	56.75
21世纪初	43968.02	22927.14	52.14	16118.58	36.66	4579.06	10.42	343.26	0.78	—	—	—	—	21040.90	47.86

表 6.15　研究区土壤侵蚀面积变化对比

调查时间	水土流失面积/km²	逐次减少		中度以上面积		逐次减少		强烈以上面积		逐次减少	
		面积/km²	比例/%	面积/km²	比例/%	面积/km²	比例/%	面积/km²	比例/%	面积/km²	比例/%
20世纪80年代	28538.53	—	—	15159.49	34.50	—	—	2868.39	6.53	—	—
20世纪90年代	24947.09	-3591.44	-12.58	11529.62	26.23	-3629.87	-23.94	756.38	1.72	-2112.01	-73.63
21世纪初	21040.90	-3906.19	-15.66	4922.32	11.20	-6607.30	-57.31	343.26	0.78	-413.12	-54.62

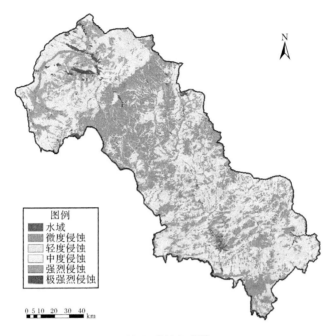

（a）20 世纪 80 年代

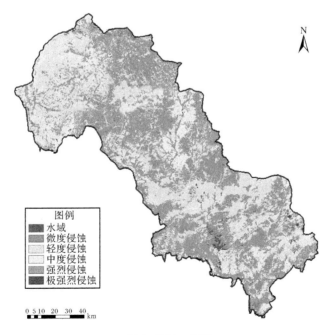

（b）20 世纪 90 年代

(c) 21 世纪初

图 6.20　20 世纪 80 年代~21 世纪初滦河流域山区土壤侵蚀图

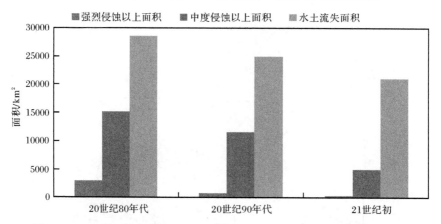

图 6.21　20 世纪 80 年代~21 世纪初研究区中度及强烈侵蚀以上面积变化

3. 土壤侵蚀时空转移特征及其变化规律

研究区三个时期的土壤侵蚀面积动态分析仅仅反映出不同侵蚀强度面积在不同时期的数量总体变化规律,却无法掌握不同级别土壤侵蚀强度之间转换的数量和空间动态。基于 ArcGIS 软件的空间分析扩展模块 Spatial Analysis,利用交叉列表(tabulate area)功能,对不同时期的土壤侵蚀状况进行统计,得到 20 世纪80～90 年代和 20 世纪 90 年代～21 世纪初两个不同时段土壤侵蚀强度的转移变化,可以看出不同时期不同级别土壤侵蚀强度的时空变化规律。

1) 20 世纪 80～90 年代不同土壤侵蚀强度转化特征

由表 6.16 分析可知,20 世纪 80～90 年代,滦河流域山区各级侵蚀强度等级均有所降低,侵蚀强度净转出面积最大的是强烈侵蚀,约有 2884.53km² 的土地由强烈侵蚀分别降为微度、轻度、中度侵蚀;其次为中度侵蚀,面积约为1096.32km²;净转出面积最小的是极强烈侵蚀,为 398.08km²;有 1064.44km² 的土地由轻度侵蚀降低到微度侵蚀。

表 6.16　20 世纪 80～90 年代滦河流域山区不同土壤侵蚀强度净转移变化

（单位:km²）

净转移变化		20 世纪 80 年代				
		微度侵蚀	轻度侵蚀	中度侵蚀	强烈侵蚀	极强烈侵蚀
20 世纪 90 年代	微度侵蚀	—	1064.44	342.85	661.57	28.27
	轻度侵蚀	—		753.47	1127.43	117.38
	中度侵蚀	—		—	1095.53	136.23
	强烈侵蚀	—		—	—	116.20
	极强烈侵蚀	—		—	—	—

注:在表中,列表示 20 世纪 80 年代的 5 种土壤侵蚀强度,行表示 20 世纪 90 年代的 5 种土壤侵蚀强度,行列交叉表示的是 20 世纪 80 年代的土壤侵蚀强度转变为 20 世纪 90 年代的各种类型的净转移面积。例如,第一行($i=1$)和第二列($j=2$)交叉的数字 1064.44km²,表示的是 20 世纪 80 年代的轻度侵蚀类型转变为 20 世纪 90 年代微度侵蚀类型的净转移面积,其他类型间转换依次类推。"—"表示没有变化。

2) 20 世纪 90 年代～21 世纪初不同土壤侵蚀强度转化特征

由表 6.17 分析可知,20 世纪 90 年代～21 世纪初,滦河流域山区大部分侵蚀强度等级有所降低,侵蚀强度净转出最大的是中度侵蚀,约有 4817.34km²,其中73.2%的土地由中度侵蚀降为微度侵蚀,26.4%的土地由中度侵蚀降为轻度侵蚀,但有 0.4%的土地由中度侵蚀变为强烈侵蚀;其次为轻度侵蚀,约 3529.22km²净转化为微度侵蚀;净转化面积最小的是极强烈侵蚀,为 43.15km²;有 259.56km²的土地由强烈侵蚀净转化为微度、轻度侵蚀。

将每一个阶段的变化情况进行汇总并根据行政县进行统计。强度等级减少的面积大于强度等级增加的面积的行政单元可视为土壤侵蚀状况改善(强度减弱)。从图 6.22 可以看出,各行政单元在 20 世纪 80～90 年代、20 世纪 90 年代～21 世纪初两个阶段土壤侵蚀状况持续好转的有密云、丰宁、承德、隆化、围场、沽源、宽城、滦平、平泉、迁西、青龙、遵化、凌源、多伦、克什克腾旗、太仆寺旗和正蓝旗。承德市市辖区、承德市鹰手营子矿区、昌黎、卢龙、迁安、建昌等区域由于地处工农业生产经济发达的区域,国家级水土流失治理项目少,人为破坏生态环境比较严重,导致在不同阶段出现水土流失强度增强的现象,生态环境好转趋势不明显。

表 6.17　20 世纪 90 年代～21 世纪初滦河流域山区不同土壤侵蚀强度净转移变化

（单位:km²）

净转移变化		20 世纪 90 年代				
		微度侵蚀	轻度侵蚀	中度侵蚀	强烈侵蚀	极强烈侵蚀
21 世纪初	微度侵蚀	—	3529.22	3525.36	197.59	11.87
	轻度侵蚀	—	—	1271.60	61.97	8.26
	中度侵蚀	—	—	—	—	15.59
	强烈侵蚀	—	—	20.38	—	7.43
	极强烈侵蚀	—	—	—	—	—

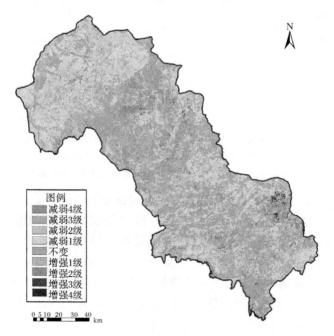

(a) 20 世纪 80 年代～90 年代

图例
减弱5级
减弱4级
减弱3级
减弱2级
减弱1级
不变
增强1级
增强2级
增强3级

0 5 10 20 30 40 km

(b) 20 世纪 90 年代~21 世纪初

图 6.22　20 世纪滦河流域山区土壤侵蚀强度等级变化

　　各行政单元所处的地理位置不同,国家治理水土流失的投入不同造成不同区域土壤侵蚀变化差异。滦河流域土壤侵蚀强度等级较高的区域集中在坝上高原和中下游低山丘陵区,沟谷两侧水土流失比较严重。在滦河源头坝上地区,地区沙化发展迅速,冬春季的风蚀风积与夏季的水蚀互为动力,相互叠加,导致该区域的水土流失严重。滦河上游多伦县地处浑善达克沙地的南缘,土层较薄,农业生产以畜牧业为主,局部区域土壤侵蚀加重的原因主要是因过度放牧或者垦荒。因此,中度、强烈和极强烈侵蚀主要集中在内蒙古自治区多伦县、正蓝旗,河北省的丰宁满族自治县、承德县、隆化县和围场满族蒙古族自治县,以及辽宁省凌源市。到 20 世纪 90 年代初,随着大批国家级水土流失重点治理项目实施,滦河流域山区土壤侵蚀程度进一步减轻,极强烈侵蚀等级已经完全消除,原本水土流失严重的区域土壤侵蚀状况得到了控制。

　　总体来说,研究区土壤侵蚀状况正在逐渐好转,轻度以上土壤侵蚀面积减少。滦河流域山区土壤侵蚀减轻现象明显,轻度以上土壤侵蚀面积减少幅度大。研究区轻度以上土壤侵蚀等级均呈现减少趋势,尤其是中度、强烈以上土壤侵蚀面积急剧减少。20 世纪 80~90 年代,滦河流域山区强烈以上土壤侵蚀面积减少了73.63%;20 世纪 90 年代~21 世纪初,滦河流域中度以上土壤侵蚀面积减少了57.31%。滦河流域山区各土壤侵蚀等级净转移面积计算表明,各时期各侵蚀等级减弱面积均大于侵蚀等级增强面积,但是 20 世纪 90 年代～21 世纪初,局部地区出现相悖的现象,侵蚀等级由中度侵蚀变为强烈侵蚀的净转移量达到 20.38km²。侵蚀等级增强的区域主要集中在坝上水蚀、风蚀交错地区和人口相对密集的浅山、山麓、坡脚等农区。

6.7　生态脆弱性分析

1. 评价指标选取

为了降低指标间相关性对评价结果产生影响,本书首先采用空间主成分分析法对初选的 15 项指标进行贡献率计算,取累计贡献率大于 85% 的指标作为 SRP 模型综合评价主成分。

主成分分析计算公式如下:

$$F_i = \alpha_{1i}X_1 + \alpha_{2i}X_2 + \cdots + \alpha_{15i}X_{15} \tag{6.31}$$

式中,F_i 为第 i 个主成分;$\alpha_{1i}, \cdots, \alpha_{15i}$ 分别为第 i 个主成分各因子对应的特征向量;X_1 为高程;X_2 为坡度;X_3 为坡向;X_4 为土壤侵蚀强度;X_5 为年均降水量;X_6 为年均气温;X_7 为年均相对湿度;X_8 为植被净初级生产力;X_9 为人口密度;X_{10} 为 GDP 密度;X_{11} 为用水量密度;X_{12} 为最大斑块指数;X_{13} 为景观形状指数;X_{14} 为面积加权平均形状指数;X_{15} 为面积加权平均分维指数。

使用 IDRISI 地理信息系统空间主成分分析功能,首先将各项指标栅格图(图 6.23)进行标准化处理,然后进行叠加处理,通过分析运算获得各主成分的特征值及贡献率,按照贡献率由大至小排列见表 6.18。

土壤侵蚀强度/[t/(km²·a)]
2111.87
0
0 20 40 80 km

年均降水量/mm
869.047
411.316
0 20 40 80 km

年均气温/℃
9.70
1.04
0 20 40 80 km

年均相对湿度/%
70.55
56.85
0 20 40 80 km

人口密度/万人
1940.1400
20.0143
0 20 40 80 km

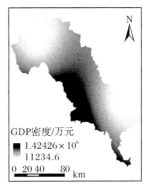

GDP密度/万元
1.42426×10⁶
11234.6
0 20 40 80 km

用水量密度/万m³
657530.00
1496.79
0 20 40 80 km

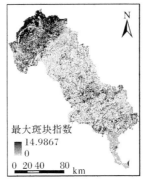

最大斑块指数
14.9867
0
0 20 40 80 km

景观形状指数
58.6875
0
0 20 40 80 km

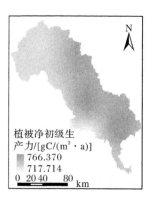

图 6.23　20 世纪 80 年代滦河流域各项指标栅格图

表 6.18　各主成分特征值、贡献率及累计贡献率

主成分	特征值/($\times 10^{-2}$)	贡献率/%	累计贡献率/%
1	20.09	52.30	52.30
2	6.691	17.41	69.71
3	3.593	9.35	79.06
4	2.887	7.51	86.57
5	2.511	6.53	93.10
6	1.506	3.92	97.02
7	0.447	1.16	98.18
8	0.219	0.57	98.75
9	0.198	0.52	99.27
10	0.156	0.41	99.68
11	0.081	0.21	99.89
12	0.041	0.11	100
13	0.001	0	100
14	0	0	100
15	0	0	100

根据累计贡献率大于 85% 的原则,本书筛选前 4 个主成分作为指标对其特征向量进行分析,见表 6.19。

表 6.19　筛选后的主成分对应的特征向量

特征向量	主成分			
	1	2	3	4
α_1	0.058	−0.396	0.151	−0.065
α_2	−0.006	0.066	0.080	−0.040
α_3	0.001	0.035	0.152	−0.065
α_4	−0.014	0.021	−0.017	0.006
α_5	−0.075	0.527	−0.234	0.063
α_6	−0.121	0.564	−0.101	0.083
α_7	0.045	0.117	−0.321	−0.032
α_8	−0.076	0.234	−0.218	−0.058
α_9	−0.071	0.175	0.470	0.185
α_{10}	−0.073	0.183	0.469	0.186
α_{11}	−0.072	0.178	0.468	0.185
α_{12}	0.413	−0.068	−0.154	0.696
α_{13}	0.502	0.207	0.172	−0.370
α_{14}	0.472	0.019	−0.063	0.337
α_{15}	0.555	0.175	0.122	−0.370

　　由表 6.19 中 4 个主成分对应的特征向量结果可知,在第 1 主成分中,面积加权平均分维指数和景观形状指数的贡献最大,可以作为两项景观格局指数共同反映生态环境脆弱性的综合指标;在第 2 主成分中,年均降水量和年均气温的贡献最大,可以作为反映气象因子的综合指标;在第 3 主成分中,人口密度、GDP 密度和用水量密度三项指标的贡献最大,可以作为反映社会经济因子的综合指标;在第 4 主成分中,最大斑块指数的贡献最大,远远超过其他指标,同时最大斑块指数的大小又从侧面反映了人为干扰下各种土地利用类型转化的强弱,因此可以作为反映人类活动因子的指标。

　　2. 指标量化分级

　　通过 ArcGIS 重分类工具,基于自然间断点分级方法将主成分分析获得的四项综合指标进行量化分级,按照数值由大到小相应地划分为五级,其各自对应的数值区间见表 6.20。

表 6.20　指标等级划分

等级	主成分			
	1	2	3	4
1	1.163~1.980	1.360~1.851	0.704~1.420	0.520~0.922
2	0.977~1.163	1.040~1.360	0.433~0.704	0.353~0.520
3	0.799~0.977	0.692~1.040	0.184~0.433	0.094~0.353
4	0.544~0.799	0.408~0.692	−0.079~0.184	−0.222~0.094
5	0.235~0.544	0.038~0.408	−0.501~−0.079	−0.545~−0.222

3. 指标权重确定

参考四项主成分贡献率分析结果以及比较矩阵标度方法,确定各项主成分之间的相互重要性关系,进而通过层次分析获得其相应权重。本书用于层次分析的是数据处理系统(data processing system,DPS)。最终获得通过一致性检验的权重计算结果为 0.644、0.220、0.089、0.047,其一致性检验结果为 CR=0.098<0.1,表明判断矩阵具有满意的一致性,各项指标权重结果合理。

4. 脆弱性评价

根据各评价指标权重值,按照生态环境脆弱性指数 EVI 计算公式,在 ArcGIS 栅格计算器中进行栅格的加权线性组合,获得 20 世纪 80 年代滦河流域生态环境脆弱性空间分布(图 6.24)。

分析计算结果可知,20 世纪 80 年代滦河流域生态环境脆弱性指数为 1.09~4.82,平均值为 3.11,标准差为 0.94。按照表 6.7 标准划分为五级:潜在脆弱(EVI<2)、微度脆弱(2<EVI<3)、轻度脆弱(3<EVI<3.5)、中度脆弱(3.5<EVI<4.5)和重度脆弱(EVI>4.5),其五个等级各自所占面积统计情况见表 6.21。

表 6.21　20 世纪 80 年代滦河流域生态环境脆弱性等级面积统计

脆弱性等级	面积/(×10³km²)	比例/%
潜在脆弱	3.515	7.99
微度脆弱	18.580	42.23
轻度脆弱	8.809	20.02
中度脆弱	5.678	12.90
重度脆弱	7.419	16.86

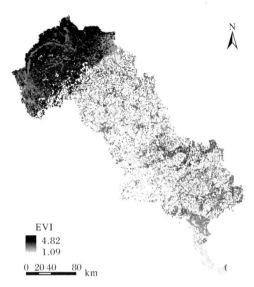

图 6.24　20 世纪 80 年代滦河流域生态环境脆弱性分布

由表 6.21 可知,20 世纪 80 年代滦河流域生态环境以微度脆弱为主,占 42.23%,主要分布在流域东南部的滦河平原及冀东沿海地区;中度及重度脆弱面积比例共计 29.76%,集中在流域西北部的山区地带。

依照 20 世纪 80 年代滦河流域生态环境脆弱性评价方法,分别对 20 世纪 90 年代、21 世纪初滦河流域生态环境脆弱性进行分析,得到滦河流域生态环境脆弱性时空变化规律如图 6.25 和表 6.22 所示。

表 6.22　滦河流域三期生态环境脆弱性等级面积、比例及 EVSI 统计

脆弱性等级	20 世纪 80 年代			20 世纪 90 年代			21 世纪初		
	面积/($\times10^3$km^2)	比例/%	EVSI	面积/($\times10^3$km^2)	比例/%	EVSI	面积/($\times10^3$km^2)	比例/%	EVSI
潜在脆弱	3.515	7.99		10.441	23.73		11.040	25.09	
微度脆弱	18.580	42.23		10.921	24.82		9.891	22.48	
轻度脆弱	8.809	20.02	2.884	6.301	14.32	2.707	7.115	16.17	2.697
中度脆弱	5.678	12.90		13.776	31.31		13.262	30.14	
重度脆弱	7.419	16.86		2.561	5.82		2.693	6.12	

由三期生态环境脆弱性分布图和面积统计数据可知,20 世纪 80~90 年代滦河流域生态系统改变较为剧烈,而在 20 世纪 90 年代~21 世纪初脆弱性变化相对较小。整体而言,潜在脆弱区域面积逐渐增大,重度脆弱区域也有明显减小,说明流域生态系统趋于稳定,抗干扰性增强,同时中度脆弱区域面积比例也从 20 世纪 80 年代的 12.90%扩展到 30.14%,说明这些地区的水土流失严重、土壤退化明显、

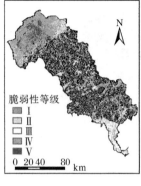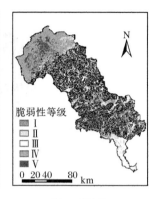

　　(a) 20 世纪 80 年代　　　　　　(b) 20 世纪 90 年代　　　　　　(c) 21 世纪初

图 6.25　滦河流域三期生态环境脆弱性分布

环境污染恶化。空间分布方面,西北部山区的生态环境脆弱性等级比平原区大,其生态系统更容易遭到破坏,而随着流域水土保持和退耕还林措施的加强,山区重度脆弱区域面积逐步缩小。然而,随着社会经济的发展,滦河流域东南部人类活动更加频繁,环境污染、植被破坏现象更加严重,导致平原区的生态环境脆弱性等级普遍增大,稳定性变差。如不采取有效的生态保护措施,那么这些生态环境脆弱性较高的区域,就有可能在突发性的自然灾害或人类活动过度干扰下遭受严重破坏而难以恢复。因此,转变滦河流域发展思路,实施更为科学的生态环境保护及土地利用管理措施已刻不容缓。

6.8　小　　结

　　本章从湿地、水质、水生生物多样性、植被变化、水土流失的变化特征和生态脆弱性等方面对滦河流域的生态变化规律进行了分析。主要结论如下:
　　(1)统计资料表明,滦河流域湿地面积呈下降的趋势。应用 IDRISI-LCM 模型对滦河流域湿地变化特征进行分析,结果表明 20 年间滦河流域湿地持续萎缩,主要转化为草地、林地和耕地,另有一小部分用作城乡居民及生活用地。
　　(2)滦河流域内水质综合评价结果基本上呈现山区比平原区水质变化稳定且水体质量较好的规律。总体而言,滦河 20 世纪 80 年代初水质最好,20 世纪 90 年代末和 21 世纪初枯水年水质较差。
　　(3)通过对滦河流域重点湖库的浮游植物监测断面生物多样性分析表明,从季节变化上看,各水库浮游植物夏季的多样性和均匀度较高,秋季次之,春季最低,符合藻类一般生长变化规律。而从空间分布上看,潘家口水库和大黑汀水库的生物多样性和均匀度呈现出由库区入库向坝前逐渐减小的趋势;据统计,滦河浮游动物 88 属 129 种,研究区各采样点浮游动物的分布差异较大,且密度组成均以原生动物为主;滦河干流共有底栖动物 94 种,隶属于 5 门 12 目。

(4) 经分析,20 世纪 80 年代~21 世纪初,滦河流域山区植被覆盖从以高覆被为主变为以中覆被为主。

(5) 研究区土壤侵蚀状况正在逐渐好转,轻度以上土壤侵蚀面积不断减少。

(6) 滦河流域 20 世纪 80~90 年代生态系统改变较为剧烈,而在 20 世纪 90 年代~21 世纪初脆弱性变化相对较小。整体而言,潜在脆弱区域面积逐渐增大,而重度脆弱区域也有明显减小。空间分布方面,西北部山区的生态环境脆弱性等级比平原区大,随着流域水土保持和退耕还林措施的加强,山区重度脆弱区域面积逐步缩小。

第 7 章　生态健康评价

　　根据第 3 章至第 6 章对研究区的气候变化、人类活动变化、水文变化、生态环境变化方面的分析可知,伴随着气候变化及剧烈的人类活动,水文要素发生了显著的变化,不可避免地引起了一系列生态环境问题。如何有效地协调人口、资源、环境、经济,在资源约束的条件下寻求最优的生态、经济、社会三者的综合效益,成为人们普遍关注的问题。本章以水文水资源学、生态学、环境科学和水土保持学等基础理论为指导,分别建立了河流生态健康评价和流域生态健康评价指标体系,并通过模糊物元可拓评价模型和模糊综合评价模型分别诊断了研究区 20 世纪 80 年代以来的河流生态和流域生态的健康状况及演变过程。为滦河流域生态环境修复提供理论依据,对滦河流域可持续发展及同类地区生态环境建设具有重要的理论及实际意义。

7.1　河流生态健康评价

7.1.1　河流生态健康评价指标体系

1. 指标体系的构建

1) 指标体系的构建原则

为了科学合理地构建滦河河流生态健康评价指标体系,本章主要考虑了以下三个方面[94]。

(1) 内在性原则。

河流生态系统生存所需的内在条件,在河流生命维持过程中是健康演化的内因,系统本身的内禀增长驱动系统向前发展。系统的内在指标最能反映河流生态系统健康发展的动因。例如,滦河中下游河道曾发生多次变迁,因此河道横向稳定性指数就是描述滦河河流生态系统的内在性指标。

(2) 外在性原则。

河流生态系统不受外界资源环境限制时,会呈现指数形势发展。而资源环境所提供的条件和空间总是有限的,系统在内因的驱动和外因的限制下,会呈现常态式发展。河流生态系统生存的外在资源环境是河流生态健康发展中必不可少的外在约束,河流生态健康必然受到其影响。

（3）导向性原则。

研究区河流生态健康评价是为未来滦河流域河流管理和开发利用服务的，其评价指标的选取要具有导向性，既要能够全面反映研究区河流生态健康现状，又要体现出研究区河流生态系统的演化方向。以研究区水质达标率为例，在过去，我国主要以三类水占评价河长的比例作为水质达标的标准，但自 2003 年 5 月水利部《水功能区管理办法》制定颁布以来，水功能区水质达标率已成为评价河流水质的一个重要指标，具有导向作用。

2）指标体系的框架设计

本书将研究区河流生态健康评价指标体系分为目标层、准则层和指标层三个层次。

（1）目标层（A）。

将河流生态健康作为研究区评价指标体系的目标层，这是河流生态健康评价的总目标。以研究区河流生态健康综合指数作为衡量目标层健康程度的综合指数。

（2）准则层（B）。

准则层是指制约目标层的主要因素，也可以理解为子系统层或分目标层。将河流生态健康评价指标体系的准则层以河流自然生态子系统健康为主，并兼顾河流社会服务子系统健康，包括河流形态特征、水量特征、水质特征、生物特征、河岸带特征、生境特征、防洪安全、供水水平等评价准则。

（3）指标层（C）。

指标层由可以直接度量的指标构成，它是研究区河流生态健康评价指标体系最基本的层面。

评价指标体系的三层结构设置是与河流生态系统的系统-子系统-要素结构相对应的。这种多层次指标体系具有以下优点：分层评价有利于从单指标、各准则以及整体上全面掌握研究区河流生态情况；准则层的设立能有效避开复杂的指标体系相关性问题，使权值更加科学合理。

3）指标的筛选

河流生态健康评价涉及指标众多，例如，形容河流形态特征因子的指标就有横向连通性指数、横向稳定性指数、纵向蜿蜒性指数、纵向连续性指数、纵向稳定性指数等数十种，因此在构建研究区河流生态健康评价指标体系时，需要筛选出既能反映全面性又能避免重复性的一些指标。一般来说，评价指标的筛选方法[95]有专家评分法、极大不相关法、最小均方差法等。

在筛选时，应遵循的基本原则[96]包括：①系统性，所选指标必须形成一个完整体系，能够较为全面地反映研究区河流生态健康的本质特征；②独立性，所选取的研究区各个指标应具有不可替代性，即每个指标应是相对独立的、相对稳定的；

③差异性,所选指标应尽可能从不同角度反映研究区河流生态健康特征,剔除多余重复的指标;④可量化性,所选指标要易于量化,以便研究区河流生态健康评价标准的建立。

通过野外调查、现状分析、标准对照和专家咨询等方法,借鉴美国 RCE、新西兰 USHA 和澳大利亚 ISC 等国外河流生态健康评价标准及国家水环境质量标准,结合研究区环境特征,构建了河流生态健康综合指数。该指数包括形态特征、水量特征、水质特征、水生生物特征、河岸带特征、生境特征、防洪安全、供水水平等 8 个准则层,并细化为 13 个指标。

滦河河流生态健康评价指标体系构建见表 7.1。

表 7.1　滦河河流生态健康评价指标体系

目标层 A		准则层 B(权重)	指标层 C(权重)	正逆
河流生态系统健康	自然生态功能(0.7)	形态特征(0.100)	横向稳定性指数(0.350)	−
			纵向连续性指数(0.650)	−
		水量特征(0.200)	适宜生态流量保证率(0.600)	+
			河口径流指标(0.400)	+
		水质特征(0.230)	水质达标率(1.000)	+
		水生生物特征(0.250)	浮游植物生物多样性指数(1.000)	+
		河岸带特征(0.100)	多样性指数(0.334)	+
			蔓延度指数(0.333)	−
			均匀度指数(0.333)	+
		生境特征(0.120)	水土流失率(0.500)	−
			湿地保存率(0.500)	+
	社会服务功能(0.3)	防洪安全(0.400)	防洪工程完善率(1.000)	+
		供水水平(0.600)	河流供水保证率(1.000)	+

表中"+"表示效益型指标,即指标值越大越好的指标;"−"表示成本型指标,即指标值越小越好的指标。不同的评价指标对河流生态健康综合指数的贡献是不一样的,因此在计算评价指标的贡献时,应对各个指标分配以适当的权重再进行组合计算。本书权重的确定选用系统工程理论中广泛使用的专家评分法。专家评分法是指通过匿名方式征询有关专家的意见,对专家意见进行统计、处理、分析和归纳,客观地综合多数专家经验与主观判断,对大量难以采用技术方法进行定量分析的因素做出合理估算,经过多轮意见征询、反馈和调整后,对评价指标权重进行分析的方法。

2. 指标值的确定

1) 形态特征(B_1)

(1) 横向稳定性指数(C_1)。

在自然护坡情况下,河流横向稳定程度主要取决于主流的顶冲地点及其走向和河岸土壤的抗冲能力,可用横向稳定性指数来表示。公式见式(5.9)。

人们在对河流横向断面进行改造时,一般都对河流横向稳定状况进行分析,并采用浆砌石、块石等不同护坡类型,增加稳定性,所以河流横向稳定性一般都能满足河流稳定要求,不是影响河流生态健康的主要问题。

(2) 纵向连续性指数(C_2)。

河流纵向连续性是指河流地理空间、水文过程以及生物学过程等的连续性。河流干支流组成了完整的水系结构,保持河流的连续性对于维持河流的正常演变和水生生物的迁移、营养物质的输送、物种遗传性的维持等都有重要意义。人类的不当活动可能改变这种纵向连续性,其中筑坝影响最显著,它拦截河流水流时,也改变了河流水文和泥沙输送过程,从而引起河流失调。大坝拦截的水量越多,其对河流纵向连续性的影响程度越大,因此可采用水库拦水量和河流径流量之比表示,公式如下:

$$C_2 = \frac{V_1}{V_2} \tag{7.1}$$

式中,V_1 为水库拦水量;V_2 为河流径流量。

2) 水量特征(B_2)

(1) 适宜生态流量保证率(C_3)。

适宜生态流量是指水生态系统的生物完整性随水量减少而发生演变,以生态系统衰退临界状态的水分条件定义为维持水体生物完整性的需水量。适宜生态流量考虑目标水体水生生物生存、繁衍对水域水文、水力特性的要求,当流量持续小于这一数值时,将破坏生物繁殖条件,导致生物量减少,进而降低生物完整性。

本章计算适宜生态流量时采用 Tennant 法[97],该法也称为 Montana 法,是非现场测定类型的标准设定法。河流流量推荐值是在考虑保护鱼类、野生动物、娱乐和有关环境资源的河流流量状况下,以预先确定的年平均流量的百分数为基础。根据《海河流域水生态恢复研究》报告,滦河流域该百分数定为 10%。历史多年平均流量由各站 1956~1979 年系列还原算得。滦河流域适宜生态流量计算所选水文站点及各站的适宜生态流量计算结果见表 7.2。

适宜生态流量保证率可通过满足适宜生态流量的天数与评价期总天数之比表示,公式如下:

$$C_3 = \frac{T_1}{T_0} \times 100\% \tag{7.2}$$

式中，T_1 为评价期满足适宜生态流量的天数；T_0 为评价期总天数。

表7.2　滦河流域适宜生态流量计算所选水文站点及各站的适宜生态流量计算结果

水文站点	所在河流	适宜生态流量/(m³/s)
白城子(闪二)	闪电河	0.133
大河口(四)	吐力根河	0.251
沟台子	小滦河	0.351
三道河子	滦河	2.320
承德(二)	武烈河	0.848
下板城	老牛河	0.484
李营	柳河	0.483
平泉(四)	瀑河	0.134
蓝旗营(二)	澈河	0.649
桃林口水库(河道二)	青龙河	2.800
滦县	滦河	15.000
大黑汀水库(底发溢)	滦河	10.800

(2) 河口径流指标(C_4)。

在水循环过程中，入海水量是河川径流量经流域内各种消耗后剩余的水量。入海水量及其变化是自然和人为因素综合影响的反映。滦河流域入海水量锐减，不仅使滦河流域的生态系统由开放式逐渐向封闭式和内陆式方向转化，而且对泥沙、盐分的运移规律产生巨大影响，引起河道及河口泥沙和盐分的积累。河口径流指标可以用如下公式表示：

$$C_4 = \frac{W_1}{W_2} \times 100\% \tag{7.3}$$

式中，W_1 为现状河口入海水量；W_2 为自然状况下河口入海水量。

3) 水质特征(B_3)

河流水质特征主要指水质达标率(C_5)。

水质达标率一般常用的有三类水及三类水以上河长占总评价河长的比例和水功能区水质达标率。其中，水功能区水质达标率是自 2003 年 5 月水利部《水功能区管理办法》制定颁布以来开始广泛使用的。其主要是指政府部门将不同河段和不同作用的河流划分为不同的水功能区，水功能区水质达标率可以反映河流组成结构是否合理，反映出河流满足生物栖息、洪水调节以及水资源供应等多方面要求的程度。

水质达标率计算公式如下：

$$C_5 = \frac{l}{L} \times 100\% \tag{7.4}$$

$$C_5 = \frac{n}{N} \times 100\% \tag{7.5}$$

式中，l 为三类水及三类水以上的河长，km；L 为总评价河长，km；n 为水质达标的水功能区数量；N 为评价河段上水功能区的总数量。

但因为本次评价系列为 1980~2011 年，为保证系列的一致性，本次评价中水质达标率统一采用三类水及三类水以上河长占总评价河长的比例作为评价指标值。

4）水生生物特征（B_4）

水生生物特征主要指浮游植物生物多样性指数（C_6）。

浮游植物作为水域生态系统中最重要的生产者，是水生生物的耗氧与能量来源，同时也是环境变化的重要指示生物，不同区域水体的物理、化学、生物等方面存在差异，致使水体浮游植物群落结构存在一定的区域差异性。因此浮游植物生物多样性是河流生态健康的直观体现，反映了河流物种的丰富程度。其一般用 Shannon 多样性指数来表示，公式如下：

$$C_6 = -\sum_{i=1}^{N} \overline{\omega_i} \ln \overline{\omega_i} \tag{7.6}$$

式中，N 为采集样本中的浮游植物物种数量；$\overline{\omega_i}$ 为样本中第 i 个物种在全部浮游植物个体数量中的比例。Shannon 多样性指数一般为 1.5~3.5，很少超过 4。该指标表示物种的多样性和物种的均匀程度。物种的数目越多，均匀度越高，则物种的多样性越高。

5）河岸带特征（B_5）

河岸带是指受水生环境强烈影响的陆地生境，因此它们具有独特的空间结构和生态功能。研究表明，河岸带通过过滤和截留沉积物、水分以及营养物质等来协调河流横向（河岸边高地到河流水体）和纵向（河流上游到下游）的物质流和能量流，因而河岸带在与之相关的土壤侵蚀程度降低、渠道稳定化、生物栖息地保护以及水质改善方面都起着重要作用。

（1）多样性指数（C_7）。

河岸带多样性指数采用 Shannon 多样性指数，其反映河岸带斑块类型的复杂程度，特别是对各斑块非均衡分布状况较为敏感。

$$C_7 = -\sum_{i=1}^{m} (P_i \ln P_i) \tag{7.7}$$

式中，m 为景观中的斑块类型总数目；P_i 为 i 类型斑块所占的比例。

（2）蔓延度指数（C_8）。

蔓延度指数是描述不同斑块类型的团聚程度或延展趋势，其较小时表明景观中存在许多小斑块，趋于 100 时表明景观中存在连通度极高的优势斑块类型。一般来说,高蔓延度值说明景观中的某种优势斑块类型形成了良好的连接性;反之则表明景观是具有多种要素的密集格局,景观的破碎化程度较高。

$$C_8 = 1 + \frac{\sum_{i=1}^{m} \sum_{k=1}^{m} \left[P_i \left(\frac{g_{ik}}{\sum_{k=1}^{m} g_{ik}} \right) \right] \cdot \left[\ln P_i \left(\frac{g_{ik}}{\sum_{k=1}^{m} g_{ik}} \right) \right]}{2 \ln m} \tag{7.8}$$

式中,m 为景观中的斑块类型总数目;P_i 为 i 类型斑块所占的比例;g_{ik} 为 i 类型斑块和 k 类型斑块毗邻的数目。

(3) 均匀度指数(C_9)。

Shannon 均匀性指数反映景观中各斑块在空间分布上的不均匀程度,其值较小时优势度一般较高,可以反映出景观受到一种或少数几种优势斑块类型所支配,趋近 1 时优势度低,说明景观中没有明显的优势斑块类型且各斑块类型在景观中均匀分布。

$$C_9 = \frac{-\sum_{i=1}^{m} (P_i \ln P_i)}{\ln m} \tag{7.9}$$

式中,m 为景观中的斑块类型总数目;P_i 为 i 类型斑块所占的比例。

6) 生境特征(B_6)

(1) 水土流失率(C_{10})。

水土流失率是指流域水土流失面积占流域土地面积的百分比。

$$C_{10} = \frac{A_1}{A_0} \times 100\% \tag{7.10}$$

式中,A_1 为水土流失面积;A_0 为流域土地面积。

(2) 湿地保存率(C_{11})。

湿地保存率是指现状水平湿地面积占自然状态下湿地面积的百分比。

$$C_{11} = \frac{S_{现}}{S_0} \times 100\% \tag{7.11}$$

式中,$S_{现}$ 为现状水平湿地面积;S_0 为自然状态下湿地面积。

7) 防洪安全(B_7)

防洪安全主要指防洪工程完善率(C_{12})。

防洪工程主要包括堤防、蓄滞洪区和水库等,其达到设计标准的情况一定程度上能判断河流防洪能力是否能够满足经济社会对河流防洪能力的要求。

8) 供水水平(B_8)

供水水平主要指河流供水保证率(C_{13})。

河流供水保证率是评价供水工程供水能力的重要指标,以百分率表示。当水源为地表水时,由于天然来水变化的随机性和蓄水工程调蓄能力的限制,供水工程在枯水年或连续枯水年由于供水量的加大、可供水量的降低而无法达到预期的供水量,从而未能满足用户的需水要求,产生供水破坏现象。

$$C_{13} = \frac{\sum_{i=1}^{n} D_i \times p_i}{\sum_{i=1}^{n} D_i} \tag{7.12}$$

式中,D_i 为第 i 个供水工程的平均日供水量,$\mathrm{m^3/d}$;p_i 为第 i 个供水工程的设计供水保证率。

根据《海河流域水文年鉴》、《海河流域水资源公报》、《海河流域水资源质量公报》、《滦河志》、《海河志》、《海河流域生态环境恢复水资源保障规划》、《海河流域水污染防治规划》、《海河流域水土流失与水土保持调查及变化规律研究报告》以及其他一些研究报告等计算出各指标值。1980～2011 年滦河各指标值见表 7.3。

3. 指标等级与标准

1) 指标标准化

各个指标值之间是不可公度的,在综合评价过程中,很难用统一的标准来度量。为了尽可能地反映实际情况,排除各项指标因单位不同以及其数量级之间悬殊差别所带来的影响,需要对各项评价指标进行标准化处理。评价指标的标准化处理主要包括一致化处理和无量纲化处理。所谓一致化处理就是通过一定的变换方式将评价指标类型统一为单一形式。所谓无量纲化处理,也就是指标的规范化,是通过数学变换来消除原始指标单位及其数值数量级的影响,将指标实际值转化为指标评价值。评价指标的一致化和无量纲化处理过程可以结合在一起进行,采用某种标准化函数对不同类型的指标进行处理。

通过指标标准化,要尽量使指标类型数量减少。指标标准化要注意与指标权重确定方法和评价模型相适应,尽可能采用能体现被评价系统之间差异的标准化方法。

(1) 向量归一化法。

向量归一化法对实际值矩阵 $X = (x_{ij})_{m \times n}$ 标准化,选用的公式为

$$y_{ij} = \frac{x_{ij}}{\sqrt{\sum_{i=1}^{m} x_{ij}^2}}, \quad 1 \leqslant i \leqslant m \text{ 且 } 1 \leqslant j \leqslant n \tag{7.13}$$

(2) 线性比例变换法。

线性比例变换法对实际值矩阵 $X = (x_{ij})_{m \times n}$ 标准化,选用的公式为

表 7.3　1980～2011 年滦河各指标值

年份	横向稳定性指数	纵向连续性指数	适宜生态流量保证率/%	河口径流指标/%	水质达标率/%	浮游植物生物多样性指数	河岸带多样性指数	河岸带蔓延指数	河岸带均匀度指数	水土流失率/%	湿地保存率/%	防洪工程完善率/%	河流供水保证率/%
1980	0.36	0.11	93.75	7.43	90.00	3.16	1.558	16.69	0.870	66.00	74.60	65.25	70.63
1981	0.27	0.23	78.03	1.68	86.80	3.16	1.555	17.00	0.868	65.50	74.60	66.15	67.60
1982	0.38	0.36	70.83	1.39	85.80	3.16	1.551	17.31	0.866	64.92	74.60	67.05	66.58
1983	0.46	0.39	77.78	2.40	85.00	3.15	1.548	17.61	0.864	64.35	74.60	67.75	65.60
1984	0.48	0.88	75.69	31.89	85.00	3.15	1.545	17.92	0.862	63.77	74.60	68.35	62.50
1985	0.52	0.69	78.47	20.10	75.00	3.15	1.541	18.23	0.860	63.19	74.60	68.65	63.60
1986	0.58	0.40	90.97	60.19	59.10	3.15	1.538	18.54	0.859	62.62	74.90	69.15	62.69
1987	0.54	0.40	98.61	37.65	60.00	3.15	1.534	18.84	0.857	62.04	75.19	69.15	61.45
1988	0.40	0.65	92.36	11.22	61.00	3.15	1.531	19.15	0.855	61.46	75.49	69.20	60.87
1989	0.33	0.37	89.58	1.20	62.00	3.15	1.528	19.46	0.853	60.88	75.79	69.35	59.96
1990	0.67	0.38	88.89	27.10	60.00	3.15	1.524	19.76	0.852	60.31	76.09	69.37	59.05
1991	0.73	0.24	92.36	61.15	59.00	3.15	1.521	20.07	0.850	59.73	76.39	69.41	65.60
1992	0.45	0.29	76.67	6.95	60.00	3.07	1.517	20.38	0.848	59.15	76.68	69.45	63.18
1993	0.58	0.29	75.00	21.15	68.00	3.07	1.514	20.68	0.846	58.58	76.98	69.46	68.74
1994	0.90	0.15	80.83	117.27	65.00	2.98	1.511	20.99	0.844	58.00	77.28	69.49	68.28
1995	0.78	0.17	90.00	98.32	68.00	2.98	1.507	21.30	0.841	57.42	77.58	69.85	60.87
1996	0.85	0.16	85.83	100.72	67.00	2.98	1.506	21.78	0.840	56.85	80.00	70.00	69.99
1997	0.42	0.60	81.67	5.11	66.00	2.98	1.504	22.25	0.839	56.27	79.50	70.25	49.11
1998	0.35	0.90	81.67	29.74	37.36	2.98	1.503	22.73	0.839	56.69	79.48	70.15	53.27

续表

年份	横向稳定性指数	纵向连续性指数	适宜生态流量保证率/%	河口径流指标/%	水质达标率/%	浮游植物生物多样性指数	河岸带多样性指数	河岸带蔓延度指数	河岸带均匀度指数	水土流失率/%	湿地保存率/%	防洪工程完善率/%	河流供水保证率/%
1999	0.30	0.95	62.00	0.55	45.00	2.98	1.501	23.20	0.838	55.69	73.49	70.10	56.24
2000	0.25	1.00	43.33	0.31	46.86	2.98	1.500	23.68	0.836	54.73	67.50	70.19	49.20
2001	0.35	0.95	46.67	0.53	55.04	2.98	1.499	24.16	0.835	53.76	65.38	71.25	50.45
2002	0.19	0.90	48.33	0.38	61.71	2.98	1.497	24.63	0.835	52.80	63.26	71.35	57.84
2003	0.23	0.70	53.33	2.28	60.81	2.98	1.496	25.11	0.834	51.84	61.15	71.45	50.84
2004	0.23	0.65	52.50	3.67	53.50	3.23	1.494	25.58	0.833	50.87	59.03	71.60	52.00
2005	0.25	0.70	54.17	4.63	59.57	3.23	1.493	26.06	0.833	49.91	56.91	71.85	54.08
2006	0.28	1.15	64.58	0.74	41.17	3.23	1.493	26.54	0.832	48.95	56.55	72.15	54.72
2007	0.26	1.12	54.17	0.70	40.71	3.49	1.492	27.01	0.831	47.99	56.24	72.35	54.02
2008	0.30	0.88	53.47	2.88	73.16	3.49	1.490	27.49	0.831	47.02	55.93	72.85	54.38
2009	0.24	1.09	52.27	0.91	62.51	3.49	1.489	27.96	0.830	46.06	55.62	73.55	55.88
2010	0.29	1.83	52.78	2.59	72.84	3.49	1.487	28.44	0.829	45.10	55.15	76.15	53.08
2011	0.42	1.23	62.50	15.88	72.00	3.49	1.486	28.92	0.828	44.13	55.10	78.25	56.79

$$y_{ij} = \begin{cases} \dfrac{x_{ij}}{\max x_{ij}}, & \text{若 } x \text{ 为效益型指标} \\[3mm] \dfrac{\max x_{ij}}{x_{ij}}, & \text{若 } x \text{ 为成本型指标} \end{cases} \tag{7.14}$$

在评价过程中,需要分别采取不同的标准化函数处理效益型指标和成本型指标,这样才能与评价模型一致。

2) 指标等级与标准的确定

河流生态健康评价标准具有相对性,不同区域、不同规模和不同类型的河流,在其生态演替的不同阶段,面对不同的社会期望,其评价标准不尽相同[98]。河流生态健康阈值是判断相应指标值代表河流状态是否健康的重要参数,它直接关系到评价结果的可信度。河流生态健康阈值一旦确定,河流生态健康的标准模式也就可以量化。

本章将滦河河流生态健康诊断标准分为优、良、中、较差、极差五个级别。在综合考虑国家、行业和地方规定的标准和规范、海河流域以及地方的发展规划、咨询专家等基础上,对滦河生态健康评价指标体系每个指标单独确立标准特征值,见表7.4。

表 7.4　滦河评价指标体系的评价标准

评价指标	Ⅰ(优)	Ⅱ(良)	Ⅲ(中)	Ⅳ(较差)	Ⅴ(极差)
横向稳定性指数	≤0.2	0.2~0.4	0.4~0.6	0.6~0.8	>0.8
纵向连续性指数	≤0.2	0.2~0.4	0.4~0.6	0.6~0.8	>0.8
适宜生态流量保证率	>80%	60%~80%	40%~60%	20%~40%	≤20%
河口径流指标	>70%	50%~70%	30%~50%	15%~30%	≤15%
水质达标率	>80%	70%~80%	50%~70%	25%~50%	≤25%
浮游植物生物多样性指数	>3.0	2.0~3.0	1.5~2.0	0.5~1.5	≤0.5
河岸带多样性指数	>1	0.7~1	0.4~0.7	0.2~0.4	≤0.2
河岸带蔓延度指数	≤10	10~20	20~40	40~70	>70
河岸带均匀度指数	>0.8	0.6~0.8	0.4~0.6	0.2~0.4	≤0.2
水土流失率	≤15%	15%~25%	25%~40%	40%~60%	>60%
湿地保存率	>80%	60%~80%	40%~60%	20%~40%	≤20%
防洪工程完善率	>80%	70%~80%	60%~70%	40%~60%	≤40%
河流供水保证率	>90%	70%~90%	50%~70%	30%~50%	≤30%

各指标不同标准对应的河流生态健康状态如下:

(1) 横向稳定性指数主要反映河岸的稳定情况,其主要取决于河道主流的顶冲地点及其走向和河岸土壤的抗冲能力。当横向稳定性指数小于0.2时,说明河岸极其稳定;当其处于良以及中状态时,说明河岸稳定;当其处于较差或极差状态时,说明河岸不稳定,易冲刷或侵蚀,河道易改道。

(2) 纵向连续性指数反映了挡水建筑物等工程对河流地理空间连续性的破坏,主要是指对河流水文过程、泥沙过程以及生物学过程等的连续性破坏。当纵向连续性指数小于 0.2 时,表明研究区挡水建筑物如水库大坝的建设对该河流地理空间连续性没有破坏;当该指数为 0.2~0.6 时,说明大坝的建设对该河流的连续性影响不大;当该指数大于 0.6 时,说明大坝的建设将对河流水生生物的迁移、营养物质的输送、物种遗传性的维持等产生严重影响,不利于河流生态的健康发展。

(3) 当适宜生态流量保证率大于 80% 时,河道的生态流量得到充分保证;当其为 40%~80% 时,对水生态系统生物完整性的影响可以恢复;当其小于 40% 时,则不能满足目标水体水生生物生存、繁衍对水域水文、水力特性的要求,将破坏生物繁殖条件,导致生物量减少,进而降低生物完整性。

(4) 当河口径流指标大于 70% 时,对河口泥沙、盐分运移无影响;当其为 30%~70% 时,河口生态系统开始由开放式向封闭式、内陆式过渡,对泥沙、盐分的运移规律产生一定的影响;当其小于 30% 时,河流生态系统几乎成为封闭式和内陆式,对泥沙盐分的运移规律产生巨大影响,引起河道及河口泥沙和盐分的积累,还会导致海水上溯,鱼类洄游路线会因河口各闸的兴建被切断,导致优良鱼种消失。

(5) 水质达标率可以反映河流组成结构是否合理,反映出河流在满足生物栖息、洪水调节以及水资源供应等多方面的程度。显然,这一指标值越小对生物栖息、水资源供应影响越大,一般要求水质达标率为 70% 以上为可自行恢复状况;当其小于 50% 时,表明河流大部分河段受到严重污染,水生生物生存环境岌岌可危,并严重威胁人类社会的生存发展。

(6) 当浮游植物生物多样性指数大于 3.0 时,反映了河流物种极丰,且均匀度较高,说明水体环境较优;当其小于 1.5 时,说明河流物种多样性极低,河流的健康状况极差,极易发生富营养化,亟须采取生态修复措施。

(7) 当河岸带多样性指数大于 0.7 时,表明河岸带结构合理,适宜各种生物生存;当其小于 0.4 时,说明河岸带较为单一,植被结构单一,生物丰度较低。

(8) 河岸带蔓延度指数描述不同斑块类型的团聚程度或延展趋势,当蔓延度指数小于 40 时,表明景观中存在许多小斑块;当蔓延度指数值趋于 100 时,表明景观中有连通度极高的优势斑块类型存在。一般来说,低蔓延度表明景观是具有多种要素的密集格局。

(9) 河岸带均匀度指数反映景观中各斑块在空间分布上的不均匀程度,其值小于 0.4 时优势度一般较高,可以反映出景观受到一种或少数几种优势斑块类型所支配;其值大于 0.6,趋近 1 时,优势度低,说明景观中没有明显的优势斑块类型且各斑块类型在景观中均匀分布。

(10) 水土流失率和湿地保存率都反映了流域人类活动对河流生态健康的影

响。其中,当水土流失率大于 40% 或湿地保存率小于 40% 时,说明人类活动对流域生态系统产生了严重破坏,水土流失导致河流泥沙量增大,湿地减少导致河流调蓄能力降低,生物多样性减少,严重威胁着河流生态的健康;而当水土流失率小于 15% 且湿地保存率大于 80% 时,说明河流生态系统处于健康状态。

(11) 防洪工程完善率一定程度上能判断河流防洪能力是否能够满足经济社会对河流防洪能力的要求。当其大于 80% 时,防洪处于安全状态;当其小于 60% 时,说明河流防洪能力不能满足经济社会对河流防洪能力的要求,处于较差或极差状态,亟须采取工程措施。

(12) 河流供水保证率反映了河流的社会服务功能水平。当其小于 50% 时,说明河流在现有水利工程措施下无法满足正常的社会用水需求,河流的社会服务功能下降。

7.1.2 河流生态健康评价方法

1. 模糊物元可拓健康评价模型

物元的定义:给定事物的名称 N,它关于特征 c 的量值为 v,以有序三元组 $R=(N,c,v)$ 作为描述事物的基本元,简称为物元。同时把事物的名称、特征和量值称为物元三要素。根据物元的定义,v 由 N 和 c 确定,记做 $v=c(N)$。因此,物元也可以表示为 $R=[N,c,c(N)]$。

一个事物有多个特征,如果事物 N 以 n 个特征 c_1、c_2、$\cdots$、c_n 和相应的量值 v_1、v_2、$\cdots$、v_n 描述,则表示为

$$R=\begin{bmatrix} & c_1 & v_1 \\ N & c_2 & v_2 \\ & \vdots & \vdots \\ & c_n & v_n \end{bmatrix}=(N,C,V) \tag{7.15}$$

称 R 为 n 维物元,其中

$$C=\begin{bmatrix} c_1 \\ c_2 \\ \vdots \\ c_n \end{bmatrix}, \quad V=\begin{bmatrix} v_1 \\ v_2 \\ \vdots \\ v_n \end{bmatrix} \tag{7.16}$$

当可拓集合的元素是物元时,则构成物元可拓集。可拓学中的可拓集合概念将元素与区间的关系由属于和不属于扩展为元素到区间的距离,并由此产生关联函数,用 $(-\infty,+\infty)$ 中的数描述元素与区间的关系。其中,隶属度为正数表示具有该性质的程度,负数表示不具有该性质的程度,零则表示既有该性质又不具有该性质。在物元可拓集中,每一个元素都具有子集的内部结构,它的三要素及内

部结构是可以变化的,从而能够较合理地描述自然现象和社会现象中各事物的内部结构、彼此关系及变化状态。

根据物元模型与可拓集合理论,河流生态健康评价的基本思路是:首先按照一定标准和准则将评价对象的健康水平分为若干等级,由数据库或专家意见给出各等级的数据范围,然后将待评价对象的指标值代入各等级的集合中进行多指标评定,评定结果按其与各等级集合的隶属度大小进行比较,隶属度越大,它与该等级集合的符合程度就越好。具体评价步骤如下[99]。

(1) 确定经典域。

$$R_{0j} = (N_{0j}, c_i, x_{0ji}) = \begin{bmatrix} & c_1 & x_{0j1} \\ & c_2 & x_{0j2} \\ N_{0j} & \vdots & \vdots \\ & c_m & x_{0jm} \end{bmatrix} = \begin{bmatrix} & c_1 & \langle a_{0j1}, b_{0j1} \rangle \\ & c_2 & \langle a_{0j2}, b_{0j2} \rangle \\ N_{0j} & \vdots & \vdots \\ & c_m & \langle a_{0jm}, b_{0jm} \rangle \end{bmatrix} \quad (7.17)$$

式中,N_{0j} 为评价对象 N 的第 j 个健康等级,$j=1,2,\cdots,h$;c_i 为第 i 个评价指标,$i=1,2,\cdots,m$;x_{0ji} 为健康等级 N_{0j} 关于指标 c_i 所规定的量值范围,即各评价指标 c_i 关于各等级 N_{0j} 的数据范围(经典域)。

由此,所有健康等级的经典域可用矩阵表示为

$$R_0 = \begin{bmatrix} N_0 & N_{01} & N_{02} & \cdots & N_{0h} \\ c_1 & \langle a_{011}, b_{011} \rangle & \langle a_{021}, b_{021} \rangle & \cdots & \langle a_{0h1}, b_{0h1} \rangle \\ c_2 & \langle a_{012}, b_{012} \rangle & \langle a_{022}, b_{022} \rangle & \cdots & \langle a_{0h2}, b_{0h2} \rangle \\ \vdots & \vdots & \vdots & & \vdots \\ c_m & \langle a_{01m}, b_{01m} \rangle & \langle a_{02m}, b_{02m} \rangle & \cdots & \langle a_{0hm}, b_{0hm} \rangle \end{bmatrix} \quad (7.18)$$

(2) 确定节域。

$$R_p = (P, c_i, x_{pi}) = \begin{bmatrix} & c_1 & x_{p1} \\ & c_2 & x_{p2} \\ P & \vdots & \vdots \\ & c_m & x_{pm} \end{bmatrix} = \begin{bmatrix} & c_1 & \langle a_{0p1}, b_{0p1} \rangle \\ & c_2 & \langle a_{0p2}, b_{0p2} \rangle \\ P & \vdots & \vdots \\ & c_m & \langle a_{0pm}, b_{0pm} \rangle \end{bmatrix} \quad (7.19)$$

式中,P 为健康等级的全体;$x_{pi} = \langle a_{0pi}, b_{0pi} \rangle$ 为 P 关于指标 c_i 所规定的量值范围,即指标 c_i 关于全部健康等级所取得的数据范围(节域),显然 $x_{0ji} \subset x_{pi}$。

(3) 确定待评价物元。

与评价对象有关的数据或分析结果用物元表示为

$$R = \begin{bmatrix} & c_1 & x_1 \\ & c_2 & x_2 \\ P & \vdots & \vdots \\ & c_m & x_m \end{bmatrix} \quad (7.20)$$

式中,P 为待评价对象;x_i 为待评价对象 P 关于指标 c_i 的量值。

(4)待评价事物各指标关于各等级的隶属度。

设 $x_i^{(a)}$、$x_i^{(b)}$ 为指标集 p_i 的左右两个基点值,其中,$x_i^{(a)} < x_i^{(b)}$,隶属度的计算公式如下[100]。

① 效益型指标。

$$r_{ij} = \begin{cases} 1, & x_{ij} \geqslant x_i^{(b)} \\ \dfrac{x_{ij} - x_i^{(a)}}{x_i^{(b)} - x_i^{(a)}}, & x_i^{(a)} < x_{ij} < x_i^{(b)} \\ 0, & x_{ij} \leqslant x_i^{(a)} \end{cases} \tag{7.21}$$

② 成本型指标。

$$r_{ij} = \begin{cases} 0, & x_{ij} \geqslant x_i^{(b)} \\ \dfrac{x_i^{(b)} - x_{ij}}{x_i^{(b)} - x_i^{(a)}}, & x_i^{(a)} < x_{ij} < x_i^{(b)} \\ 1, & x_{ij} \leqslant x_i^{(a)} \end{cases} \tag{7.22}$$

2. 河流生态健康评价等级与标准

在研究滦河河流生态健康评价时,综合上述研究内容,参照水资源安全评价状态的划分,也将河流生态健康评价等级划分为五个评价等级,即很健康、健康、亚健康、不健康和病态。其河流具体对应的健康状况如下:

河流很健康的特征是河流自然形态良好,具有充足、优质的水量补给,水环境状况良好,水生生物多样性丰富,防洪工程完全达标,河流社会服务功能完好并能够满足人类需求。

河流健康的特征是河流自然功能因受到人类干扰而轻度破坏,水量满足河道生态需水,水质较好,局部地区水土流失并具有扩大趋势,水生生物多样性开始减少,防洪工程大部分达标,社会服务功能基本正常。

河流亚健康的特征是河流自然形态受人类干扰程度加剧,河岸稳定性减弱,湿地萎缩,水质开始恶化,水量基本满足河道生态需水,水土流失范围扩大,水生生物多样性进一步减少,蓄泄能力开始变差,防洪工程基本达标,河流社会服务功能减弱。

河流不健康的特征是河流自然形态恶化程度严重,河岸和河床冲刷严重,湿地萎缩严重,水质持续恶化,断流现象开始出现,水土流失严重,水生生物较少,河道萎缩,防洪水平低下,社会服务功能基本丧失。

河流病态的特征是河流自然形态几乎完全破坏,生态环境濒临崩溃,水生生物基本灭绝,水质恶化严重,连年出现断流,基本不具备社会服务功能。

河流生态健康评价等级阈值可以根据构建的河流生态健康模糊物元可拓模

型计算获得,下面以健康和亚健康的阈值为例说明河流生态健康评价等级阈值的计算过程,并说明河流生态健康模糊物元可拓模型的评价过程。

研究区河流生态系统具有事物名称、特征、量值属性,河流生态健康模糊物元可拓模型主要是将其视为物元进行可拓学评价。首先按照各指标属性进行标准化处理,各等级量值范围即经典域和节域,见表 7.5。

表 7.5　评价指标的经典域和节域

评价指标	N_{01}	N_{02}	N_{03}	N_{04}	N_{05}	N_0
C_1	(0.8,1]	(0.6,0.8]	(0.4,0.6]	(0.2,0.4]	[0,0.2]	[0,1]
C_2	(0.8,1]	(0.6,0.8]	(0.4,0.6]	(0.2,0.4]	[0,0.2]	[0,1]
C_3	(0.8,1]	(0.6,0.8]	(0.4,0.6]	(0.2,0.4]	[0,0.2]	[0,1]
C_4	(0.7,1]	(0.5,0.7]	(0.3,0.5]	(0.15,0.3]	[0,0.15]	[0,1]
C_5	(0.8,1]	(0.7,0.8]	(0.5,0.7]	(0.25,0.5]	[0,0.25]	[0,1]
C_6	(0.8,1]	(0.67,0.8]	(0.5,0.67]	(0.17,0.5]	[0,0.17]	[0,1]
C_7	(0.83,1]	(0.58,0.83]	(0.33,0.58]	(0.17,0.33]	[0,0.17]	[0,1]
C_8	(0.7,1]	(0.4,0.7]	(0.2,0.4]	(0.1,0.2]	[0,0.1]	[0,1]
C_9	(0.8,1]	(0.6,0.8]	(0.4,0.6]	(0.2,0.4]	[0,0.2]	[0,1]
C_{10}	(0.6,1]	(0.4,0.6]	(0.25,0.4]	(0.15,0.25]	[0,0.15]	[0,1]
C_{11}	(0.8,1]	(0.6,0.8]	(0.4,0.6]	(0.2,0.4]	[0,0.2]	[0,1]
C_{12}	(0.8,1]	(0.7,0.8]	(0.6,0.7]	(0.4,0.6]	[0,0.4]	[0,1]
C_{13}	(0.9,1]	(0.7,0.9]	(0.5,0.7]	(0.3,0.5]	[0,0.3]	[0,1]

下面以河流形态各指标良和中的临界值为例来计算河流健康与亚健康的临界值。待评价物元为

$$
R = \begin{bmatrix} P & \begin{matrix} C_1 & 0.6 \\ C_2 & 0.4 \\ C_3 & 0.6 \\ C_4 & 0.5 \\ C_5 & 0.7 \\ C_6 & 0.67 \\ C_7 & 0.58 \\ C_8 & 0.2 \\ C_9 & 0.6 \\ C_{10} & 0.25 \\ C_{11} & 0.6 \\ C_{12} & 0.7 \\ C_{13} & 0.7 \end{matrix} \end{bmatrix}
$$

向量权重为

$$\omega = (0.35\ \ 0.65\ \ 0.6\ \ 0.4\ \ 1\ \ 1\ \ 0.34\ \ 0.33\ \ 0.33\ \ 0.5\ \ 0.5\ \ 1\ \ 1)^T$$

　　按照前边划分五个评价等级的标准,分别将Ⅰ级的下界和Ⅴ级的上界作为该评价等级的基点值,按照隶属度计算方法,计算隶属度矩阵。河流生态健康评价指标基点值与良和中阈值对应的隶属度见表7.6。

表7.6　河流生态健康评价指标基点值与良中对应的隶属度

准则层 B	指标层 C	左基点	右基点	隶属度
形态特征 B_1	横向稳定性指数 C_1	0.2	0.8	0.667
	纵向连续性指数 C_2	0.2	0.8	0.667
水量特征 B_2	适宜生态流量保证率 C_3	0.2	0.8	0.667
	河口径流指标 C_4	0.15	0.7	0.636
水质特征 B_3	水质达标率 C_5	0.25	0.8	0.818
水生生物特征 B_4	浮游植物生物多样性指数 C_6	0.17	0.8	0.600
河岸带特征 B_5	多样性指数 C_7	0.17	0.83	0.625
	蔓延度指数 C_8	0.1	0.7	0.833
	均匀度指数 C_9	0.2	0.8	0.667
生境特征 B_6	水土流失率 C_{10}	0.15	0.6	0.778
	湿地保存率 C_{11}	0.2	0.8	0.667
防洪安全 B_7	防洪工程完善率 C_{12}	0.4	0.8	0.750
供水水平 B_8	河流供水保证率 C_{13}	0.3	0.9	0.667

　　结合表7.1专家评分法获得的权重值,评价结果见表7.7。

表7.7　河流生态健康评价第一层次各单元系统优属度

单元系统	优属度	单元系统	优属度
形态特征	0.667	河岸带特征	0.708
水量特征	0.655	生境特征	0.722
水质特征	0.818	防洪安全	0.750
水生生物特征	0.600	供水水平	0.667

　　将河流生态健康评价第一层次各单元系统优属度作为指标特征值,结合计算得到的第一层次各单元系统的权重向量,计算河流生态健康评价综合指数。经VB程序算得该状态下河流自然生态子系统健康指数为0.693,河流社会服务子系统健康指数为0.700,综合得到河流生态健康评价综合指数为0.695。但为评价方便,阈值一般取0.05的整数倍,所以最终取阈值为0.700,其他阈值也可以同理得到。研究区河流生态健康评价各等级最终划分见表7.8。

表 7.8　河流生态健康评价等级划分

评价指标	很健康	健康	亚健康	不健康	病态
综合指数	0.85~1.0	0.7~0.85	0.55~0.7	0.4~0.55	0~0.4

7.1.3　河流生态健康评价结果与分析

1980~2011 年滦河河流生态系统健康评价结果见表 7.9。根据表 7.9 可知，在 1980~2011 年共 32 年中，滦河有 14 年处于健康状态，14 年处于亚健康状态，4 年处于不健康状态，无很健康年份和病态年份，如图 7.1 所示。其中不健康的年份分别为 2000 年、2001 年、2006 年和 2007 年。

1980~2011 年滦河河流自然生态子系统健康指数如图 7.2 所示，社会服务子系统健康指数如图 7.3 所示，河流生态健康综合指数如图 7.4 所示。

由表 7.9 以及图 7.2~图 7.4 可知，1980~2011 年滦河河流生态健康总体状况呈逐步恶化的趋势，其间 1990~1996 年有所好转，但 1997~2007 年河流生态健康状况较差，2008 年以来滦河河流生态健康有小幅好转趋势。原因分析如下：

表 7.9　1980~2011 年滦河河流生态健康评价结果

年份	综合指数	健康等级	年份	综合指数	健康等级	年份	综合指数	健康等级	年份	综合指数	健康等级
1980	0.776	健康	1990	0.704	健康	2000	0.522	不健康	2010	0.614	亚健康
1981	0.761	健康	1991	0.755	健康	2001	0.530	不健康	2011	0.650	亚健康
1982	0.746	健康	1992	0.684	亚健康	2002	0.569	亚健康			
1983	0.756	健康	1993	0.710	健康	2003	0.560	亚健康			
1984	0.729	健康	1994	0.754	健康	2004	0.550	亚健康			
1985	0.723	健康	1995	0.761	健康	2005	0.572	亚健康			
1986	0.741	健康	1996	0.767	健康	2006	0.529	不健康			
1987	0.714	健康	1997	0.660	亚健康	2007	0.510	不健康			
1988	0.669	亚健康	1998	0.582	亚健康	2008	0.607	亚健康			
1989	0.688	亚健康	1999	0.569	亚健康	2009	0.584	亚健康			
20 世纪 80 年代	0.730	健康	20 世纪 90 年代	0.695	亚健康	21 世纪初	0.553	亚健康	21 世纪 10 年代	0.632	亚健康

（1）1980~1984 年滦河为枯水年，水量指标偏低。

（2）1990~1996 年滦河为丰水年，尤其是 1990 年、1994 年、1995 年和 1996 年均发生了洪水，丰水年在带来水量的同时还有助于增强河流水体的自净能力，减缓水质恶化的趋势。

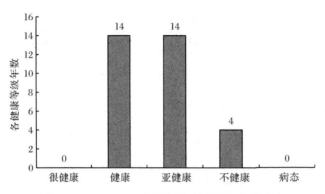

图 7.1 1980～2011 年滦河各健康等级年数分布

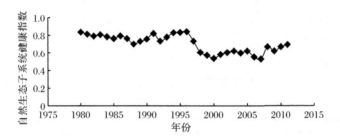

图 7.2 1980～2011 年滦河河流自然生态子系统健康指数变化曲线

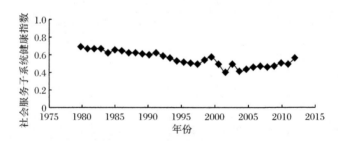

图 7.3 1980～2011 年滦河河流社会服务子系统健康指数变化曲线

(3) 1997～2001 年滦河为连续的枯水年,部分河道干涸,加上工农业的迅速发展,导致大量的污染物排入河中,水质急剧恶化,河流水资源开发利用率较高,并使滦河河流生态健康状况在 2000 年和 2001 年呈现不健康状态;另外,2006 年与 2007 年,由于来水量较少,河流的水质达标率也偏低,均使滦河呈现不健康状态。

(4) 2005 年以来,国家及地方行政部门对滦河生态建设方面的治理工作渐有成效,滦河河流生态健康呈小幅好转趋势,治理工作主要表现在以下几个方面:

① 滦河水污染问题得到初步控制。为治理滦河流域的水污染,维护渤海生态环境,保障京津用水安全,河北省已建设 5 座污水处理厂及约 200km 的配套管网,

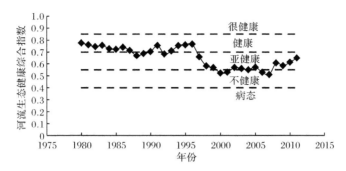

图 7.4　1980～2011 年滦河河流生态健康综合指数变化曲线

5 座污水处理厂包括张家口污水处理厂、唐山市北郊污水处理厂、东郊污水处理厂、西郊污水处理二厂和承德市污水处理厂,污水处理能力达 54 万 t/d。此外,自2000 年以来承德市相继停掉了包括造纸厂、电厂、化工厂等污染企业 1400 多家,限批企业 2000 多家,目前,承德市已经没有造纸企业,化肥厂全部关闭,以保证引滦入津工程水源清洁。

② 河流湿地得到一定程度的恢复。在封滩禁牧的同时,多地建立起湿地保护区,其中,2005 年成立唐海湿地和鸟类省级自然保护区,2009 年沽源县建立了河北坝上闪电河国家湿地公园,2009 年多伦县滦河源国家森林公园获批,政府越来越重视对湿地的保护。

③ 防洪工程措施不断完善。工程措施主要有:2002 年滦河迁安生态防洪工程开始实施,在滦河迁安中段修筑长 25km 的防洪左堤,在东、西支流沙洲之上修建长 6km 的防洪撤退路,沿左堤修建 4 道橡胶坝,在东、西支流交汇的滦河湾处第二号、第三号橡胶坝之间挖湖筑岛。在大堤左侧修筑黄台山公园及周边工程。2009 年滦河滦县段河道整治工程、2010 年滦河迁西段河道整治工程、2010 年承德市河道堤防工程、2010 年乐亭县滦河治理工程等相继建成。

7.2　流域生态健康评价

7.2.1　流域生态健康评价指标体系

近年来,随着工业化、城镇化的推进,不合理的人类活动对流域生态系统造成严重威胁,流域生态健康状况已开始恶化[101,102]。为了寻求流域生态系统和社会经济发展的平衡点,寻找一个适合表征流域生态系统特征的健康评价方法,成为研究者的普遍关注点。

20 世纪 90 年代早期,Costanza 等[103-109]提出了流域生态健康的度量标准,包括组织力(多样性)、活力(新陈代谢)、恢复力和平衡能力,但其定义忽视了社会经济及人类健康因素。随后,Rapport[110]进一步完善了流域生态健康的度量标准,将人类视为生态系统的组成部分,同时考虑了生态系统自身的健康状况和满足人类需求的程度。国外针对流域生态健康的评价指标主要有以下几种结构:以流域水质评价为核心[27];以流域土地利用为核心[28];压力-状态-响应模型[29];自然条件限制因子-流域生态健康指标因子-人类活动影响因子模型[30];生物因子-非生物因子;开发与保护并重的流域健康评价指标体系。在我国,流域生态健康评价也逐渐成为研究热点[111-114]。

　　压力-状态-响应模型最初由加拿大统计学家 Friend 和 Rapport 提出,用于分析环境压力、状态与响应之间的关系。后来 OECD 对其进行修改完善,并应用于环境评价。由于该模型框架具有非常清晰的因果关系,即人类活动对环境施加了一定的压力,从而环境状态发生了一定的变化;另外,人类社会应当对环境的变化做出响应,以恢复环境质量或防止环境退化,因此该模型在流域生态健康评价中被广泛使用。

　　根据生态系统研究强调过程和演替的特点,本节对上述框架进行修改,作为滦河流域生态健康评价模型。修改后的压力-状态-响应概念框架如图 7.5 所示。

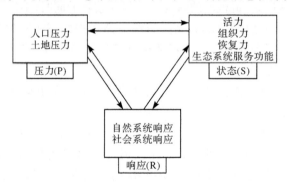

图 7.5　修改后的压力-状态-响应概念框架

　　这个模型修正的作用和意义主要表现在以下几个方面:①扩展了原模型中压力模型的概念,该模块与原模型中狭义的压力比较,含义更加广泛,并且更加中性化。既包括原来模型中狭义的压力概念,也包括原来模型中响应的概念。压力包括自然的压力和人为的压力,而自然的压力主要是来自土地。②原模型的响应指标很难量化,难以参与区域生态健康评价,修正后的模型指标可得性强。③原模型的状态指标采用 Costanza 的三个描述系统状态的指标,即活力、组织力和恢复力,这三个指标是基于生态系统本身状态考虑的,并被普遍接受,同时也较为全面,与生态系统健康的概念和原则较为相符,并考虑生态系统服务功能。从系统可持续性能力的角度,提出了活力、组织力和恢复力指标很难量化,难以参与生态健康评价,修正后的模型指标可得性强。④这个框架模型具有清晰的因果关系,来自自然和人类的压力增大,使得生态系统状态不稳定,生态系统的功能会减弱,反映出来就是社会经济的变化和生态功能的弱化,同时生态功能变化反过来又会影响人类活动和环境资源的分布。

1) 数据来源

数据来源包括:滦河流域 1:25 万数字高程模型;滦河流域土地利用调查数据,即土地利用/覆盖图,其数据格式为 ArcGIS 的 shp 文件;滦河流域行政区划图(包括各地级市及县);《海河流域水资源综合规划》、《海河流域生态环境恢复水资源保障规划》、《海河流域三次水土流失遥感调查报告》、《海河流域水文年鉴》、《中国城市统计年鉴》及《河北经济年鉴》、《辽宁统计调查年鉴》、《内蒙古统计年鉴》等。

2) 指标体系建立

生态系统现状是由自然条件背景、人类开发活动和环境管理共同作用下形成的结果,生态系统健康状况受自然环境背景和人类活动程度的双重影响。因此,在生态健康评价时,需同时考虑两者的影响。结合流域生态环境质量评价指标的选取原则,本评价在选取指标时紧紧围绕生态系统功能和人类活动的影响,综合考虑流域的社会经济发展、自然地形地貌、开发利用方式、植被状况,并通过压力-状态-响应指标概念框架来表述。

当流域的面积比较大且流域内有明显的区域分区时,直接以整个流域作为评价单元明显不合适,评价结果对流域内的不同区域也起不到指导监督作用。这时,就需要对流域划分评价单元,同时必须充分考虑单元数据的可获取性。在具体评级过程中,涉及大量的社会经济数据,而这些数据通常是以行政区为单元统计的。流域行政区生态健康评价指标体系如图 7.6 所示。

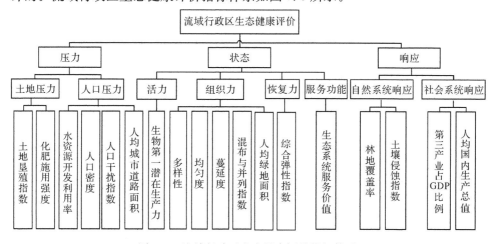

图 7.6　流域行政区生态健康评价指标体系

　　小流域是具有相对完整的自然过程的区域单元,以小流域作为生态健康评价的分析单元,便于人们有针对性地进行生态环境保护和建设、生态恢复等生态环境管理工作。考虑到子流域评价指标获取的难度以及流域资料的详尽程度,子流域生态健康评价指标体系如图7.7所示。

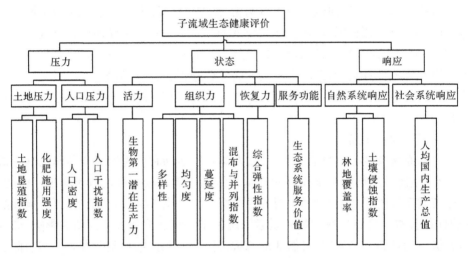

图 7.7　子流域生态健康评价指标体系

　　(1) 压力。

　　压力指标反映生态环境所面临的压力,阐明生态系统承受压力的程度。滦河流域生态的压力主要来自土地与人口,因此从这两个方面来考虑生态健康问题。本节选取了土地垦殖指数、化肥施用强度作为土地资源的评价指标,其中耕地比例与环境质量成负相关。同时,随着人口的不断增多,流域的资源和生态都受到很大的压力,因此指标体系中选择了部分人口压力指标。

　　(2) 状态。

　　状态指标指示生态环境的现状,反映生态系统在各种自然、人类等因素综合作用下所表现出的一种状态,即其生态功能现状。选择活力、组织力、恢复力、生态系统服务功能四个生态系统度量来反映生态系统自身的结构和功能。

　　① 活力。

　　活力指标是指生态系统的能量输入和营养循环容量,代表区域生态系统的生产力水平,是生态功能得以发挥的必要保证。失去了生产能力,生态系统也不复存在。

　　② 组织力。

　　组织力主要是指系统的复杂性,在评价过程中通过生物多样性和格局结构来反映。生物多样性是自然生态系统为生产和生态服务的基础和源泉,由于动物的多样性很难由遥感方法得到,而且动物多样性与植物多样性有很强的相关性,因此这里主要由植被生物多样性来表征。

③ 恢复力。

健康的生态系统具有弹性,当生态系统受压力胁迫后,有能力保持结构和功能的稳定。在评价过程中,根据不同土地类型对生态弹性度的贡献和作用不同,把不同土地覆盖进行生态弹性度分级用来反映生态系统的恢复力。

④ 生态系统服务功能。

生态系统服务功能是指生态系统维持人类赖以生存的自然环境,以及为人类提供各种生活必需品,包括食品、工业原料等的能力。

(3) 响应。

响应指标是指生态环境承受压力时所产生的反应,生态系统受到干扰时,会导致自然和社会经济两个方面的变化。从自然方面来说,生态系统状态的变化会使生态系统的功能弱化,如环境净化功能、水土保持功能,因此用流域的林地覆盖率、土壤侵蚀指数来反映自然对生态系统健康的影响;从社会经济方面来说,生态系统状态差,会导致流域的生产能力变差,因此用第三产业占 GDP 比例、人均国内生产总值来反映社会经济系统对生态系统变化的响应。

3) 评价指标提取

(1) 压力指标提取。

① 土地垦殖指数。

土地垦殖指数表示一个地区土地资源开发利用的程度,土地继续提供人类生存的能力,土地垦殖指数越大,可开发余地越小,潜力越弱,土地的压力就越大。土地垦殖指数按照以下公式计算:

$$土地垦殖指数 = \frac{耕地面积}{土地总面积} \times 100\%$$

② 化肥施用强度。

通常把点源以外的污染称为面源污染,主要是指在降雨产流过程中将地表和大气中的污染物带入河流水域而使水体受到污染的所有污染源。本节考虑的面源污染主要是化肥施用量,化肥施用量指本年内实际用于农业生产的化肥数量按折纯量计算。化肥施用强度按照以下公式计算:

$$化肥施用强度 = \frac{化肥施用量}{播种面积} \times 100\%$$

③ 人口密度。

人口数据一般是以行政区为单位进行统计的,人口的流域分布一直是生态调查难以获取的数据。按照均匀叠加法计算小流域的人口数量,均匀叠加法是美国西弗吉尼亚州环保局在进行流域人口制图时运用的一种方法。假设人口在普查

区内均匀分布,进而将人口普查数据与小流域界限数据进行叠加分析,被小流域分割的普查区人口数按照以下公式计算:

$$小流域分割的普查区人口数 = \frac{小流域分割的普查区面积}{该区面积} \times 该区人口数$$

最后将小流域内所有普查区人口数相加,得到流域总人口。

$$小流域人口密度 = \frac{小流域人口数量}{小流域面积}$$

式中,小流域人口密度的单位为人/km²。

④ 人口干扰指数。

人口干扰指数反映人类活动对土地造成的压力。以土地利用现状图为基础,运用 ArcGIS 中的叠加分析功能得到小流域的人口干扰指数。

$$人口干扰指数 = \frac{耕地面积 + 交通运输面积 + 住宅用地面积}{土地面积}$$

(2)状态指标提取。

① 生物第一潜在生产力。

利用 Miami 模型进行计算:

$$NPP_t = \frac{3000}{1 + \exp(1.315 - 0.119t)}$$

$$NPP_R = \frac{3000}{1 - \exp(-0.00066R)}$$

$$NPP = \min(NPP_t, NPP_R) \tag{7.23}$$

式中,t 为年平均气温,℃;R 为年平均降水量,mm。

统计滦河流域雨量站点数据,根据泰森多边形法得到流域的降水量分布图。通过对小流域同滦河流域降水量分布图进行叠加分析,得到小流域的年平均降水量。同理,小流域年平均气温由滦河流域气象站点数据得到。

② 景观指数。

为了定量描述景观格局,建立景观结构与过程或现象的联系,学者提出了大量的景观指数。景观生态系统的空间结构特征包括个体单元空间形态、群体单元空间组合状况、单元间的空间关联指数、结构的空间变化规律等几个方面[104]。目前的景观指数数量非常多,选取适于生态系统健康评价且能够代表格局的景观指数是十分必要的。李秀珍等专门研究了不同景观格局指标对景观格局的反映,并提出总板块数目大小、分维数、蔓延度、多样性及均匀度等指数是值得推荐的指标[105]。综合考虑研究区的特点、研究目的及资料情况,选取 4 个景观格局指标来表征流域生态系统的组织力。其中,多样性、均匀度为效益型指标,蔓延度、混布与并列指数为成本型指标。运用 ArcGIS 的 Analysis Tools 截取小流域的景观类型图,分别计算各小流域的景观指数。

③ 综合弹性指数。

由于植被是生态系统的控制性组分,同时也是生态系统运动变化的综合反映,通常情况下,通过植被类型的变化判断生态系统的综合弹性指数。系统组成越复杂多样,各构成类型的健康与安全状况就越好,系统的弹性指数越大。不同土地利用类型的综合弹性指数见表 7.10。

表 7.10　不同土地利用类型的综合弹性指数

状态指标	耕地	林地	草地	建筑用地	水体	其他土地
综合弹性指数	0.5	0.9	0.7	0.4	0.9	0

综合弹性指数的计算公式如下:

$$F = D_i \sum S_i R_i = \left(- \sum S_i \log_2 S_i\right) \sum S_i P_i \qquad (7.24)$$

式中,S_i 为第 i 种土地类型的面积;R_i 为第 i 种土地类型的综合弹性指数;D_i 为多样性指数。综合弹性指数越大,生态系统越健康。

由于生态系统的弹性限度大小不仅取决于地物覆盖类型与等级状况,还取决于地物类型的多样性,因此模型中引入 Shannon 多样性指数。

④ 生态系统服务价值。

生态系统服务是指生态系统维持人类赖以生存的自然环境,以及为人类提供各种生活必需品,包括食品、工业原料等的能力。经济学家和生态学家做了很多生态系统服务价值的研究,其中谢高地等[106]提出了中国陆地生态系统单位面积生态系统服务价值,采用这种方法计算研究区生态系统服务价值,见表 7.11。

表 7.11　不同土地利用类型单位面积生态系统服务价值

状态指标	耕地	林地	草地	建筑用地	水体	其他土地
生态系统服务价值/[×10^6 元/(km^2・a)]	1.22	8.17	2.66	1.15	15.8	0.22

(3) 响应指标提取。

① 林地覆盖率。

林地作为生态系统的主题,具有保护环境、防风固沙、蓄水保土、净化大气、保护生物多样性等多种功能。林地覆盖率是指流域内的林地覆盖面积百分比。

② 土壤侵蚀指数。

土壤侵蚀是陆地表面在水力、风力、冻融和重力等外力作用下,土壤、土壤母质等被破坏、剥蚀的过程。土壤侵蚀强度分级是根据年平均侵蚀模数来划分的,按照侵蚀模数的大小分为微度、轻度、中度、强度、极强度、剧烈几个级别。根据流域水土流失的侵蚀情况,得到土壤侵蚀强度健康分值,见表 7.12。

表 7.12　土壤侵蚀强度健康分值

土壤侵蚀强度分级	微度侵蚀	轻度侵蚀	中度侵蚀	强度侵蚀	极强度侵蚀	剧烈侵蚀
分值	10	8	6	4	2	0

4）指标权重计算

由于各个指标因子对区域生态系统健康状况的贡献不同,需要用指标权重来确定,指标权重要求合理有效,避免片面性。目前权重的确定方法较多,如因子分析法、层次分析法、熵权法、神经网络法[107]等。考虑到生态系统健康评价本身就是一种人为主观的判断,主观赋权法更为科学合理,研究中选择层次分析法确定指标权重。

层次分析法的基本思想是根据问题的性质及要求达到的目标,将问题分解为若干层和若干因素,通过两两比较的方法确定各要素之间的相对重要性。采用层次分析法确定流域行政区以及子流域生态健康评价指标体系的权重结果,见表 7.13 和表 7.14。

表 7.13　流域行政区生态健康评估指标权重

模块层	权重	要素层	权重	指标层	权重
压力	0.3108	土地压力	0.5000	土地垦殖指数/%	0.5000
				化肥施用强度/(kg/亩)	0.5000
		人口压力	0.5000	水资源开发利用率/%	0.2000
				人口密度/(人/km²)	0.3500
				人口干扰指数/%	0.3500
				人均城市道路面积/m²	0.1000
状态	0.4934	活力	0.2000	生物第一潜在生产力/[g/(m²·a)]	—
		组织力	0.4000	多样性	0.3462
				蔓延度	0.1116
				混布与并列指数	0.2106
				均匀度	0.1210
				人均绿地面积/m²	0.2106
		恢复力	0.2000	综合弹性指数	—
		服务功能	0.2000	生态系统服务价值/[×10⁶/(km²·a)]	—
响应	0.1958	自然系统响应	0.5000	土壤侵蚀指数	0.5000
				林地覆盖率/%	0.5000
		社会系统响应	0.5000	人均国内生产总值/万元	0.5000
				第三产业占 GDP 比例/%	0.5000

表 7.14   子流域生态健康评估指标权重

模块层	权重	要素层	权重	指标层	权重
压力	0.3108	土地压力	0.5000	土地垦殖指数/%	0.5000
				化肥施用强度/(kg/亩)	0.5000
		人口压力	0.5000	人口密度/(人/km²)	0.3300
				人口干扰指数/%	0.3300
				水资源开发利用率/%	0.3400
状态	0.4934	活力	0.2000	生物第一潜在生产力/[g/(m²·a)]	—
		组织力	0.4000	多样性	0.4234
				蔓延度	0.1608
				混布与并列指数	0.1453
				均匀度	0.2705
		恢复力	0.2000	综合弹性指数	—
		服务功能	0.2000	生态系统服务价值/[×10⁶/(km²·a)]	—
响应	0.1958	自然系统响应	0.5000	土壤侵蚀指数	0.5000
				林地覆盖率/%	0.5000
		社会系统响应	0.5000	人均国内生产总值/万元	—

7.2.2   流域生态健康评价方法

1) 健康等级划分

生态系统健康评价的目的是在生态学框架下,结合人类健康观点对生态系统健康特征进行描述,同一生态系统,面对不同的人类期望,评价结果也不相同。流域生态系统的健康是个相对的概念,采用模糊综合评价方法,即按照生态系统健康综合评价的得分进行排序、分级,通过各层指标值对各个健康等级的隶属度大小来反映生态系统的健康状态。生态系统健康分级见表 7.15。

表 7.15   生态系统健康分级

健康等级	健康状态	生态系统特征
1级	很健康	生态结构十分合理,系统活力极强,外界压力较小,生态系统的生态功能完善,对自然和社会的响应较好,系统稳定,处于可持续状态
2级	健康	生态结构合理,格局尚完整,系统活力较强,外界压力不大,无异常情况,生态功能较为完善,对自然和社会响应良好,生态系统可持续
3级	亚健康	生态结构比较合理,但外界压力较大,接近生态阈值,敏感地带较多,有少量的生态异常出现,可发挥基本的生态功能,生态系统可以维持

健康等级	健康状态	生态系统特征
4级	不健康	生态结构出现缺陷,系统活力较低,外界压力大,生态异常较多,对自然以及社会响应较差,生态功能已经不能满足维持生态系统的需要,生态系统开始退化
5级	病态	生态结构极不合理,自然植被斑块破碎化严重,活力极低,对自然以及社会响应极差,出现大面积的生态异常区,生态系统已经严重恶化

2) 评价方法

生态系统健康与否完全取决于标准值,而健康仅仅是一个相对的概念,但标准值的界定存在一定的困难,因此,生态健康评价可以作为一个模糊问题来处理。本书将流域生态健康评价作为一个模糊数学问题来处理,用模糊数学法建立的评价模型比传统评价方法更符合实际情况。

采用模糊数学法拟定的流域生态健康评价模型为

$$H = W \times R \tag{7.25}$$

式中,H 为流域生态健康诊断结果;W 为压力、状态、响应三个健康评价模块对总体健康程度的权矩阵,$W = (\omega_1, \omega_2, \omega_3)$;$R$ 为各生态系统健康评价要素对各级健康标准的隶属度矩阵。

$$R = \begin{bmatrix} R_{11} & R_{12} & R_{13} & R_{14} & R_{15} \\ R_{21} & R_{22} & R_{23} & R_{24} & R_{25} \\ R_{31} & R_{32} & R_{33} & R_{34} & R_{35} \end{bmatrix} \tag{7.26}$$

R_{ij} 为第 i 个要素对第 j 级标准的隶属度:

$$R_{ij} = (\omega_{i1} \quad \omega_{i2} \quad \cdots \quad \omega_{ik}) \begin{bmatrix} r_{1j} \\ r_{2j} \\ \vdots \\ r_{kj} \end{bmatrix} \tag{7.27}$$

式中,k 为每一个评级指标包含的指标个数;ω_{ik} 为第 i 个要素中第 k 个指标对该要素的权重;r_{kj} 为第 k 个指标对第 j 级标准的相对隶属度。

在模糊集合中,通常用隶属度来确定其健康状况,而绝对隶属度的确定带有一定的主观成分,相对隶属度则可以减少甚至消除这种主观任意性的缺陷,相对隶属度是在有限论域中的不同决策之间做优劣比较,而与论域外的决策无关[108]。相对隶属度的确定是模糊数学法的关键,其计算公式对于效益型指标和成本型指标有所不同。

对效益型指标来说,计算公式如下(以第 i 项指标 X_i 为例,$S_{i,j}$ 为第 i 项指标的第 j 级健康标准):

（1）当第 i 项指标 X_i 小于其对应的第 5 级标准值（病态）时，它对"病态"的隶属度为 1，而对其他健康级别的隶属度为 0，即当 $X_i < S_{i,j}$ 时，

$$r_{i,1} = 1, \quad r_{i,2} = r_{i,3} = r_{i,4} = r_{i,5} = 0$$

（2）当第 i 项指标 X_i 介于其对应的第 j 级和第 $(j+1)$ 级健康程度标准值之间时，它对第 j 级健康程度的隶属度为 $1 - \dfrac{X_i - S_{i,j}}{X_i + S_{i,j}}$，对第 $(j+1)$ 级健康程度的隶属度为 $\dfrac{X_i - S_{i,j}}{X_i + S_{i,j}}$，对其他健康程度的隶属度为 0，即当 $S_{i,j} \leqslant X_i \leqslant S_{i,j+1}$ 时，

$$r_{i,j+1} = \frac{X_i - S_{i,j}}{S_{i,j+1} - S_{i,j}}, \quad r_{i,j} = 1 - r_{i,j+1}, \quad j = 1, 2, 3, 4$$

（3）当第 i 项指标 X_i 大于其对应的第 1 级标准值（很健康）时，它对"很健康"的隶属度为 1，而对其他健康级别的隶属度为 0，即当 $X_i > S_{i,j}$ 时，

$$r_{i,5} = 1, \quad r_{i,1} = r_{i,2} = r_{i,3} = r_{i,4} = 0$$

对成本型指标隶属度的计算与上述方法类似，计算公式如下：

（1）当 $X_i > S_{i,j}$ 时，

$$r_{i,1} = 1, \quad r_{i,2} = r_{i,3} = r_{i,4} = r_{i,5} = 0$$

（2）当 $S_{i,j+1} \leqslant X_i \leqslant S_{i,j}$ 时，

$$r_{i,j+1} = \frac{X_i - S_{i,j}}{S_{i,j+1} - S_{i,j}}, \quad r_{i,j} = 1 - r_{i,j+1}, \quad j = 1, 2, 3, 4$$

（3）当 $X_i < S_{i,j}$ 时，

$$r_{i,5} = 1, \quad r_{i,1} = r_{i,2} = r_{i,3} = r_{i,4} = 0$$

3）评价标准

为了对流域生态健康进行综合定量分析与评价，需要建立评价指标因子健康与否的可比性量化指标，确定指标的阈值范围。确定指标阈值范围的方法不统一，其中，部分指标根据国家或国际的有关标准，部分指标采用数理统计方法。结合滦河实际情况进行各指标的量化分级，结果见表 7.16。

表 7.16　评价指标因子分级标准

模块层	要素层	指标层	病态	不健康	亚健康	健康	很健康
压力	土地压力	土地垦殖指数/%	60	40	20	15	10
		化肥施用强度/(kg/亩)	45	30	23	16	13
	人口压力	人口密度/(人/km²)	700	600	400	250	100
		人口干扰指数/%	45	35	25	15	10
		人均城市道路面积/m²	28	20	15	10	6
		水资源开发利用率/%	90	70	55	45	40

模块层	要素层	指标层	病态	不健康	亚健康	健康	很健康
状态	活力	生物第一潜在生产力/[g/(m²·a)]	400	600	800	1000	1200
	组织力	多样性	0.6	0.8	1	1.2	1.4
		蔓延度	90	70	50	20	10
		混布与并列指数	90	70	50	20	10
		均匀度	0.4	0.5	0.6	0.7	0.8
		人均绿地面积/m²	6	10	20	30	40
	恢复力	综合弹性指数	0.4	0.5	0.6	0.7	0.9
	服务功能	生态系统服务价值/[×10⁶/(km²·a)]	0.22	1.15	3.17	8.17	15.8
响应	自然系统响应	土壤侵蚀指数	2	4	6	8	10
		林地覆盖率/%	30	35	40	45	50
	社会系统响应	人均国内生产总值/万元	0.5	1	3	6	14
		第三产业占 GDP 比例/%	20	30	40	60	80

7.2.3　流域生态健康评价结果与分析

1. 子流域划分

(1)小流域边界自动提取。小流域是具有相对独立、相对完整的自然生态过程的区域单元,运用 ArcGIS 的水文分析模块(hydrology model),基于数字高程模型提取流域的特征信息。该模块主要用于地形及河网水系的提取与分析,实现地形模型的可视化,基于数字高程模型的水文过程模拟和流域特征提取的基本思路是:判断单个网格的流向→根据流向将网格连接成汇流网络→提取数字水系和其他流域特征。它包含流向分析、汇流路径分析和流域特征提取等方面。

(2)无洼地 DEM 生成。进行流向判断前,应首先对原始的 DEM 数据进行填注。洼地填充的过程中首先要计算洼地深度,通过对研究区地形分析确定哪些是由数据误差产生的洼地,并根据洼地深度设置合理的填充阈值,使得生成的无洼地 DEM 能更准确地反映地表形态。

(3)流向判断。单个网格流向的判断方法有两类:单流向法和多流向法。单流向法假设一个网格的水流仅从一个方向流出,然后根据该网格和周围网格的高程判断水流方向,具体方法包括 D8 法、Lea 法、DEMON 法和 D∞法等。单流向法,尤其是 D8 法,因简单方便而得到了广泛应用。D8 法依据最陡坡度法原理,首先假定水流方向唯一,对比每个网格与相邻 8 个网格的中心点高程的距离权落差,具体计算方法是以栅格中心点落差除以栅格中心点之间的距离,得到该网格的水流方向。

(4) 河网提取。得到水流方向之后,可以利用水流方向数据来计算汇流累积量。以流向数据矩阵为基础依次扫描,从第一个栅格出发,沿水流方向追踪至出口断面或 DEM 边界。位于跟踪路线上的每个栅格,其相应的集水累积值增加 1;当跟踪路线上有其他支流交汇时,累加上支流的累积量。对流向矩阵进行循环扫描,直至整个流向矩阵的所有网格均被计算过,则扫描完毕。集水累积矩阵中的数值乘以每个栅格的面积,得到最终集水面积矩阵。根据给定的阈值,高于给定阈值的栅格标记为 1,否则标记为 0,这样便得到河流栅格矩阵。

(5) 子流域提取。由子流域栅格图可以得出每个子流域的范围界线,也就是分水线。首先把指定的一个或多个出流点(如水文站)对应到相应的集水累积矩阵上,找出具有最大累积量的出流点,从该点开始根据水流流向向上游搜索追踪,并把追踪到的网格赋予相应子流域的编码值;如果在追踪时遇到其他出流点,那么在该汇水路径上的跟踪就停止,反之一直追踪到汇流路径的最上游边界。一个出流点上游子流域确定后,继续采用上述方法寻找下一个累积量大的出流点,直至所有子流域都追踪完成,形成子流域栅格图。采用以上方法得到研究区的子流域界线,滦河流域被划分为 73 个子流域,如图 7.8 所示。

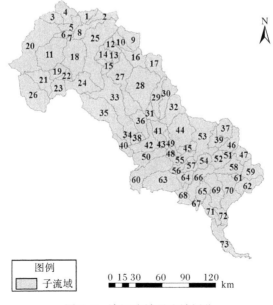

图 7.8　滦河流域子流域划分

2. 滦河子流域生态健康评价

在指标权重及评价标准确定的基础上,根据模糊综合评价模型,对 20 世纪 80 年代以来的滦河子流域生态健康状况进行综合评价,由于子流域数目较多,表格输出的结果难以直观地看出各子流域生态健康状况及其整体的分布情况,因此采用 ArcGIS 制作专题地图来实现评价结果的可视化表达。

1) 子流域生态健康综合评价结果

根据滦河流域生态健康评价标准,将评价结果分为五级,并采用不同的颜色渲染不同健康等级的子流域,20 世纪 80 年代、90 年代和 21 世纪初滦河子流域生态健康评价结果如图 7.9 所示。

从 20 世纪 80 年代滦河子流域生态健康状况分布图来看,滦河流域的总体生态健康状况较好。健康状况较差的子流域主要分布于滦河流域上游坝上高原区,其中只有子流域 5 的健康状况稍好一些,处于亚健康水平,子流域 4、7、11、19、20 处于不健康的状态,而子流域 1、3、6、8、21、26、37 已处于病态,主要原因是这些子流域的系统结构极其不合理,系统的生产力弱,景观多样性和均匀度低,且林地覆盖率低,经济落后。坝上高原区的健康状况较差的主要原因是,该区属于严重水土流失区,土地沙化严重,植被覆盖率低。滦河流域中游的健康状况最好,基本处于健康级别以上;中下游部分子流域处于亚健康级别。此外,子流域 37 的健康状况也处于病态水平,主要原因是该子流域土地垦殖指数高,系统的土地压力大,系

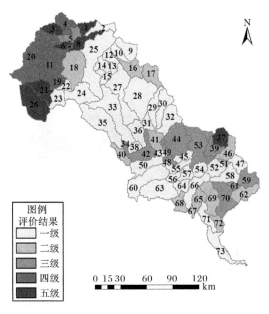

(a) 20 世纪 80 年代

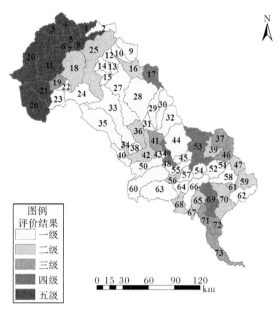

（b）20 世纪 90 年代

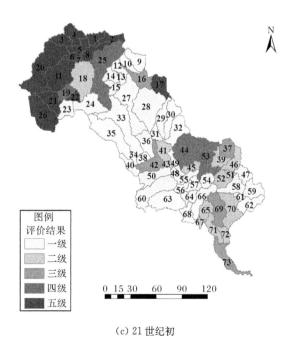

（c）21 世纪初

图 7.9　不同时期滦河子流域生态健康状况分布图

统的景观连通度受到影响,景观多样性差,同时恢复力弱。

从 20 世纪 90 年代滦河子流域生态健康状况分布图来看,滦河流域的整体生态健康状况恶化较为严重,尤其是分布于坝上高原区的子流域基本都已经处于病态的水平,人口的急剧增加及植被的退化造成流域景观完全破坏,系统结构不合理,生态环境极度恶化。滦河中游地区 17、48、49、53、69 子流域已转为不健康状态,入海口处的子流域受人类活动的影响健康程度也急剧恶化,子流域 71、72、73 的健康状况已处于亚健康状态,主要原因是唐山地区土地和人口压力过大,而入海口处子流域的压力尤其明显,过度的土地垦殖和人类活动破坏了子流域的景观格局,导致系统的景观多样性指数变差,同时系统的活力、组织力、恢复力和服务功能也处于不健康的状态。

从 21 世纪初滦河子流域生态健康状况分布图来看,滦河流域坝上高原区生态健康状况较 20 世纪 90 年代仍有所恶化,中上游新增了 2 和 17 两个病态子流域,分别从很健康和不健康的状态变成了病态状态,流域中游部分子流域的生态健康水平有所降低,例如,子流域 16 和 42 已转为亚健康状态,子流域 44 已转为不健康状态,主要原因是越来越多的人口对自然资源的需求增加,人地矛盾突出,陡坡开荒屡禁不止,林地覆盖率下降,土地和人口压力过大,造成系统组织结构不稳定,景观格局遭到破坏,各项景观指数很不理想。滦河入海口处的子流域除子流域 73 的健康状况没有变化外,子流域 69、71、72 的健康状况已经有所改善,主要原因是子流域的活力增加,系统的恢复力加强,相应的组织结构的不合理状况得到改善,人均国内生产总值有所增加。

2) 子流域生态健康等级分布统计

为了分析比较 20 世纪 80 年代以来滦河子流域生态健康状况变化趋势,以及子流域健康状况的空间分布特征及区域性差异,对各时段不同级别的子流域个数进行统计分析,结果见表 7.17。

表 7.17　不同级别生态健康子流域个数

健康等级	健康状态	20 世纪 80 年代	20 世纪 90 年代	21 世纪初
1 级	很健康	37	35	37
2 级	健康	13	15	13
3 级	亚健康	11	7	5
4 级	不健康	5	5	4
5 级	病态	7	11	14

从时间角度来分析,滦河流域生态健康属于 1 级的子流域由 20 世纪 80 年代的 37 个减少为 90 年代的 35 个,到 21 世纪初恢复到 37 个;处于 2 级健康水平的子流域个数由 20 世纪 80 年代的 13 个增加到 90 年代的 15 个,到 21 世纪初减少

至 13 个;属于 3 级健康水平的子流域个数由 20 世纪 80 年代的 11 个减少到 90 年代的 7 个,到 21 世纪初又减少 2 个;属于 4 级健康水平子流域数目变化不大;而处于病态的子流域至 90 年代已增加到 11 个,到 21 世纪初又增加了 3 个。总体来说,滦河流域 20 世纪 80 年代生态健康状况较好,到 90 年代健康状况下降趋势明显,而 21 世纪初仍有所下降。20 世纪 90 年代以来滦河流域人口数量急剧增加,使得具有高恢复力及生态系统服务功能的景观斑块(如林地)向恢复力和生态系统服务功能低的景观斑块(如建筑用地)转变,同时严重的水土流失状况没有得到很好的治理和恢复。生态环境最差的子流域分布于坝上高原区,由于过度放牧造成植被退化严重,严重的水土流失也制约了区域经济的发展,生态系统极其脆弱。

3. 滦河行政区生态健康评价

滦河流域选取承德、唐山、秦皇岛以及锡林郭勒四个市(盟),进行以行政区为单位的生态健康演变分析。

1) 21 世纪初行政区评价

基于 7.2.1 节中确定的行政区生态健康评价指标体系,提取滦河流域各市(盟)的指标数据值。21 世纪初滦河流域行政区指标值用 2005 年的数据作为代表值,见表 7.18。

表 7.18　21 世纪初滦河流域行政区指标值

指标体系	承德	唐山	秦皇岛	锡林郭勒
土地垦殖指数/%	8.5000	40.6100	28.6500	12.2000
化肥施用强度/(kg/亩)	24.9600	49.8670	55.6385	3.0607
水资源开发利用率/%	83.4134	105.3957	68.0619	17.8859
人口密度/(人/km^2)	93.4000	533.7900	372.9100	22.2311
人口干扰指数/%	26.5445	32.8813	40.6100	34.9094
人均城市道路面积/m^2	7.9500	8.0400	14.8100	12.4900
生物第一潜在生产力/[g/(m^2·a)]	943.9302	983.4326	1052.6300	533.6700
多样性	0.9300	1.3500	1.2800	0.5163
蔓延度	71.6400	55.9100	58.0300	81.0865
混布与并列指数	43.1200	69.1300	52.3600	44.3615
均匀度	0.4800	0.7500	0.7100	0.3208
人均绿地面积/m^2	43.2100	25.4500	38.3400	33.4700
综合弹性指数	0.8100	0.5900	0.6900	0.6907
生态系统服务价值/[×10^6/(km^2·a)]	6.1000	3.7700	4.5300	3.1240
土壤侵蚀指数	7.8400	8.9800	9.1200	8.3428

指标体系	承德	唐山	秦皇岛	锡林郭勒
林地覆盖率/%	57.2600	9.7700	28.6500	1.7500
人均国内生产总值/万元	2.4700	4.0800	4.2800	2.0804
第三产业占GDP比例/%	29.7900	31.1400	51.7000	32.4100

　　根据上述指标值基于模糊综合评价法对承德、唐山、秦皇岛、锡林郭勒的复合生态系统进行健康隶属度计算,21世纪初滦河流域各行政区复合生态健康评价结果见表7.19。

　　按照隶属度最大的原则,21世纪初承德、唐山、秦皇岛、锡林郭勒的健康状况分别为健康、健康、健康和不健康,隶属度分别为0.3290、0.2930、0.3870、0.2798。承德、唐山和秦皇岛都处于健康的状态,健康和很健康的隶属度之和分别为0.5802、0.3462和0.4774,说明承德市生态整体状况最好。主要原因是承德地区林地覆盖率高,区域生态系统的活力、恢复力和服务功能相对较强,且土壤侵蚀程度较轻,工业发展及人口压力对环境影响较小。秦皇岛的生态系统虽然处于健康的状态,但其指标数据并不乐观,如土壤侵蚀指数、蔓延度。唐山地区生态系统相对较差的主要原因是城市化程度高,人口对环境造成的压力大,系统生态弹性度相对较弱。锡林郭勒生态系统不健康,主要原因是生态环境脆弱,区域经济发展受限制,第三产业不发达。

表7.19　21世纪初滦河流域行政区复合生态健康评价结果

目标层	行政区	病态	不健康	亚健康	健康	很健康	结果
复合 生态系统	承德	0.0403	0.1319	0.2476	0.3290	0.2512	健康
	唐山	0.1675	0.2140	0.2759	0.2930	0.0496	健康
	秦皇岛	0.1801	0.0794	0.2631	0.3870	0.0904	健康
	锡林郭勒	0.1700	0.2798	0.1598	0.1457	0.2447	不健康

2) 20世纪90年代行政区评价

　　20世纪90年代滦河流域行政区指标值用1995年的数据作为代表值,提取各市(盟)的指标值,结果见表7.20。

表7.20　20世纪90年代滦河流域行政区指标值

指标体系	承德	唐山	秦皇岛	锡林郭勒
土地垦殖指数/%	8.5812	43.0946	26.1545	11.8116
化肥施用强度/(kg/亩)	14.0539	44.7717	41.7279	2.9105
水资源开发利用率/%	45.8842	100.6113	70.2261	8.6460
人口密度/(人/km²)	88.7428	512.2699	349.4882	22.9841

指标体系	承德	唐山	秦皇岛	锡林郭勒
人口干扰指数/%	18.3753	26.9181	24.8022	17.3770
人均城市道路面积/m²	5.1000	5.4000	7.7000	1.0823
生物第一潜在生产力/[g/(m²·a)]	1015.6879	698.0445	1226.2026	684.4383
多样性	1.3997	1.0348	1.3997	0.9517
蔓延度	40.6625	59.0442	40.6625	62.4414
混布与并列指数	89.4871	53.9329	69.4871	53.0853
均匀度	0.8697	0.5775	0.8697	0.5311
人均绿地面积/m²	24.8000	24.6800	46.6000	23.0100
综合弹性指数	0.7042	0.7791	0.6851	0.5931
生态系统服务价值/[×10⁶/(km²·a)]	5.0289	5.7495	4.1369	2.2408
土壤侵蚀指数	8.4626	8.4978	8.6088	7.6420
林地覆盖率/%	35.5784	9.5865	22.1347	1.6751
人均国内生产总值/万元	0.4577	1.1334	0.9508	0.2084
第三产业占 GDP 比例/%	31.8558	29.4416	44.8432	21.6245

20 世纪 90 年代滦河流域各行政区复合生态健康评价结果见表 7.21。

表 7.21　20 世纪 90 年代滦河流域行政区复合生态健康评价结果

目标层	行政区	病态	不健康	亚健康	健康	很健康	结果
复合生态系统	承德	0.0600	0.0832	0.1108	0.4683	0.2778	健康
	唐山	0.1787	0.3318	0.2598	0.1473	0.0823	不健康
	秦皇岛	0.1376	0.1004	0.2889	0.1880	0.2851	亚健康
	锡林郭勒	0.1619	0.2211	0.2790	0.1098	0.2283	亚健康

由表 7.21 可知,按照隶属度最大的原则,20 世纪 90 年代承德、唐山、秦皇岛、锡林郭勒的健康状况分别为健康、不健康、亚健康、亚健康,隶属度分别为 0.4683、0.3318、0.2889、0.2790。除了承德生态状况属于健康级别,其余三个市(盟)的生态健康状况均处于亚健康甚至不健康状态。承德的生态基础好,系统的压力和响应子系统均较健康,但系统的组织结构有所欠缺。秦皇岛、锡林郭勒对亚健康、健康和很健康三个级别的隶属度之和分别为 0.7620、0.6171,说明秦皇岛生态系统整体情况较好,其次是锡林郭勒,秦皇岛和锡林郭勒的生态系统虽然处于亚健康的状态,但有朝着健康状态发展的趋势,只要加强生态管理,减少水土流失,积极发展区域经济,特别是第三产业,生态状况将会得到很大的改善。而唐山的生态系统处于不健康的状态,其生态系统健康的限制因素主要是化肥的过度施用、水

资源极度短缺,人口压力大,同时系统组织结构不合理,导致系统不稳定,受外界胁迫后恢复力差,系统易滑向病态。

3) 20 世纪 80 年代行政区评价

20 世纪 80 年代滦河流域行政区指标值用 1985 年的数据为代表值,提取各市(盟)的指标值,结果见表 7.22。

表 7.22　20 世纪 80 年代滦河流域行政区指标值

指标体系	承德	唐山	秦皇岛	锡林郭勒
土地垦殖指数/%	9.5430	43.8440	27.1168	4.6593
化肥施用强度/(kg/亩)	8.8156	20.1177	20.7407	1.1346
水资源开发利用率/%	34.4400	82.4134	65.3624	4.8485
人口密度/(人/km²)	64.0386	457.0000	307.0000	12.5218
人口干扰指数/%	7.7114	20.3000	17.4000	19.8263
人均城市道路面积/m²	2.0100	3.3500	6.1800	2.3700
生物第一潜在生产力/[g/(m²·a)]	930.2325	1062.6010	1081.8825	684.4383
多样性	1.1337	1.2334	1.3719	1.1010
蔓延度	62.0666	61.7330	55.8693	65.5708
混布与并列指数	53.8702	70.8673	66.7223	57.0287
均匀度	0.6327	0.6884	0.7657	0.6145
人均绿地面积/m²	25.7154	4.1972	23.8192	13.9786
综合弹性指数	0.7618	0.5570	0.6690	0.6471
生态系统服务价值/[×10⁶/(km²·a)]	5.4254	2.8511	4.2061	3.5170
土壤侵蚀指数	7.9828	8.3890	8.3886	6.2960
林地覆盖率/%	51.5082	10.3461	29.3655	2.5299
人均国内生产总值/万元	0.2297	0.9138	0.9008	0.1305
第三产业占 GDP 比例/%	29.9828	26.8627	34.2470	23.4234

20 世纪 80 年代滦河流域行政区复合生态健康评价结果见表 7.23。

表 7.23　20 世纪 80 年代滦河流域行政区复合生态健康评价结果

目标层	行政区	病态	不健康	亚健康	健康	很健康	结果
复合 生态系统	承德	0.0720	0.0614	0.1576	0.3188	0.3902	很健康
	唐山	0.1203	0.2285	0.2638	0.2744	0.1131	健康
	秦皇岛	0.0816	0.1119	0.2855	0.3734	0.1476	健康
	锡林郭勒	0.1530	0.1667	0.3321	0.0917	0.2564	亚健康

承德生态系统处于很健康的状态,生态基础好,区域受干扰很小,林地覆盖率

高,生存环境适宜,不足之处在于区域的经济欠发达,第三产业发展较慢。唐山和秦皇岛的生态系统属于健康的状态,对健康和很健康的隶属度之和分别为0.3875、0.5210,说明秦皇岛的生态健康状况要好于唐山,主要原因是秦皇岛的生态系统结构比较合理,系统的生产力、弹性度及生态系统服务功能较好。而唐山生态系统受到的干扰比较大,系统的响应却相对较差,同时生态系统的弹性度较低。锡林郭勒的生态健康状况处于临界状态,主要原因是系统的生产力弱,且组织结构不合理,多样性差,但其对亚健康、健康和很健康三个等级的隶属度之和大于0.5,说明对生态系统实施有效的管理,可以改善生态系统的健康状况。

7.3 小　　结

　　本章针对滦河流域生态系统健康问题,从河流和流域两个角度进行生态健康评价。首先从河流健康的基本理论出发,构建兼顾河流生态系统自然生态功能和社会服务功能的相对较为全面的评价指标体系;考虑河流生态系统健康的模糊性,建立基于可拓数学的模糊分析方法和评价模型;并在此基础上对 1980～2011年滦河进行河流生态健康评价。以压力-状态-响应模型为框架,综合考虑流域的土地资源、人口现状、组织结构、植被状况及社会经济状况,建立了流域生态健康评价指标体系;采用基于层次分析法的模糊综合评价法,对 20 世纪 80 年代、90 年代以及 21 世纪初滦河流域生态健康状况分别以子流域及行政区为单位进行了综合评价,揭示了滦河流域生态健康状况的演变和空间分布规律。结果表明:①自20 世纪 80 年代以来,滦河河流健康总体呈逐步恶化的趋势,其中 1998～2007 年河流健康状况最差,近年来滦河河流健康又呈现小幅好转的趋势。②自 20 世纪80 年代以来,滦河流域生态环境整体上处于持续恶化的趋势,不合理的人类活动(毁林毁草、过度放牧、乱砍滥伐)造成土壤沙化、水土流失严重。下游部分的生态环境从 20 世纪 80 年代～21 世纪初经历了由好变差再得到改善的过程,但总体状况不理想。

第8章 生态环境变化驱动力分析

根据第 7 章河流生态健康评价和流域生态健康评价结果分析可知,自 20 世纪 80 年代以来,滦河流域的河流生态健康环境和流域生态健康环境都发生了显著的变化,其生态环境整体呈现恶化趋势。为了弄清引起河流生态环境和流域生态环境变化的原因,需要对滦河流域生态环境变化的驱动力进行分析,从物理机制角度量化各因子对河流、流域生态环境变化的影响,这对于遏制流域生态环境的恶化具有重要的现实意义。

8.1 生态环境变化驱动力分析方法

8.1.1 驱动力因子

生态环境变化驱动力分析是当前生态系统研究的关键问题之一,也是解释生态环境时空变化的关键性手段。生态环境变化不仅受到气候、地形地貌、地质、土壤、水文等自然因素的制约,也受到人口、社会、经济、技术、政策等人为因素的影响,但到底是自然因素还是人为因素起主导作用,仍然是目前区域生态环境变化研究的热点和难点[37]。

根据前面章节对研究区气候变化、人类活动变化、水文变化和生态环境变化的分析研究,结果表明,研究区水文要素和生态环境要素均发生了显著变化,而降水、气温、蒸散发等气候因子及社会经济用水、水利工程、水土保持、城镇化等人类活动因子也发生了不同程度的变化。因此,研究中选取气候变化和人类活动两大驱动力因子,从机理分析角度出发,构建分布式生态水文模型,模拟不同驱动力因子对滦河河流、流域健康指标的影响,定量计算不同驱动力因子对生态环境变化的贡献率,确定导致研究区生态退化的关键因素。

8.1.2 驱动力量化分析方法

1. 气候变化及人类活动对流域径流变化影响的量化方法

目前,在定量区分气候变化和人类活动对流域径流变化的影响研究中,主要有两类方法:一类是基于水量平衡基本原理的传统还原分析方法;另一类是基于物理过程的水文模拟法。本书以分布式生态水文模型为基础,基于年径流的突变年份,将整个研究时段划分为基准期和变化期,利用基准期气候条件、流域下垫面状况等基础资料进行模型参数率定;依据降水、温度还原方法对基准期和变化期降水、温度进行还原计算;分别将实测降水、温度资料和还原后的降水、温度资料输入由基准期率定好的模型,计算基准期和变化期模拟径流量;依据气候变化和人类活动表征方法量化分析气候变化影响量和人类活动影响量。

　　研究气候变化和人类活动对径流的影响时,当基准期和变化期资料序列较长时,分项量化结果受降水丰枯变化影响较小,这时可认为变化期的实测径流量与基准期的基准值之间的差值包括两部分:一为人类活动影响量;二为气候变化影响量,其表达式形式为

$$RC = HC + CC \tag{8.1}$$

式中,RC 为气候变化和人类活动综合影响下的实测径流变化量;HC 为人类活动影响量;CC 为气候变化影响量。

　　由于往往受到基准期和变化期划分的影响,两个时期序列较短,进行量化计算分析时,式(8.1)中分离的气候变化影响量受到降水丰枯变化影响较大,需要考虑降水丰枯变化影响量,这时变化期的实测径流量与基准期的基准值之间的差值包括三部分:一为人类活动影响量;二为气候变化影响量;三为降水丰枯变化影响量,其表达式形式为

$$RC = HC + CC + PC \tag{8.2}$$

式中,RC 为气候变化和人类活动以及降水丰枯变化综合影响下的实测径流变化量;HC 为人类活动影响量;CC 为气候变化影响量;PC 为降水丰枯变化影响量。

　　为了消除降水丰枯变化影响量,分离气候变化影响量和人类活动影响量需要构建两个模拟方案。

　　模拟方案 1:利用基准期模型数据资料以及模型率定后的参数,模拟变化期实测降水、温度条件下的模拟径流量 Q',该模拟径流量相对基准期模拟径流量的变化量可以认为仅包括气候变化影响量和降水丰枯变化影响量。

　　模拟方案 2:利用基准期模型数据资料以及模型率定后的参数,模拟变化期降水、温度还原条件下的模拟径流量 Q'',该模拟径流量相对基准期模拟径流量的变化量可以认为仅包括降水丰枯变化影响量。

　　通过比较分析两个模拟方案变化期相对于基准期的径流量变化可分离出气候变化影响量;利用模拟方案 1 径流变化量和实测径流变化量的关系,可分离出人类活动影响量,分割原理如图 8.1 所示。

　　下面就气候变化、降水丰枯变化以及人类活动影响量进行计算,计算公式如下:

$$RC_i = Q_i - Q_0 \tag{8.3}$$

$$CC_i + PC_i = Q'_i - Q_0 \tag{8.4}$$

$$PC_i = Q''_i - Q_0 \tag{8.5}$$

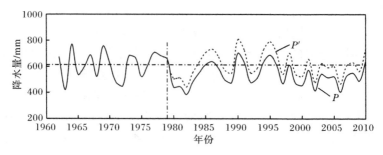

(a) 降雨还原

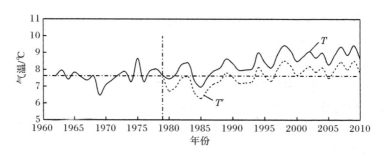

(b) 气温还原

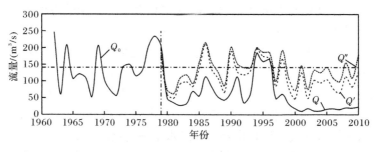

(c) 径流分割

图 8.1　气候变化和人类活动对流域径流变化影响的定量分割原理

P 为实测降水量，P' 为还原降水量；T 为实测气温，T' 为还原气温；

Q 为变化期的实测径流量，Q' 为模拟方案 1 的模拟径流量，

Q'' 为模拟方案 2 的模拟径流量，Q_0 为基准期的实测径流量

$$CC_i = Q'_i - Q'' \tag{8.6}$$

$$HC_i = Q_i - Q'_i \tag{8.7}$$

式中，i 表示第 i 个人类活动子时期；RC_i 为第 i 个时期相对于基准期的实测径流量的变化总量，包括气候变化、人类活动和降水丰枯变化影响量三部分；CC_i 为第 i 个时期相对于基准期的气候变化影响量；HC_i 为第 i 个时期相对于基准期的人类

活动影响量；PC_i 为第 i 个时期相对于基准期的降水丰枯变化影响量；Q_i 为第 i 个时期的实测径流量；Q_0 为基准期的实测径流量；Q'_i 为第 i 个时期的模型模拟径流量；Q''_i 为第 i 个时期的降水、温度还原后模型模拟径流量。

气候变化和人类活动对流域径流变化影响的贡献率分别为

$$P_{CC_i} = \frac{CC_i}{CC_i + HC_i} \times 100\% \tag{8.8}$$

$$P_{HC_i} = 1 - P_{CC_i} \tag{8.9}$$

式中，P_{CC_i} 和 P_{HC_i} 分别为气候变化和人类活动对流域径流影响的贡献率。

2. 气候变化和人类活动对河流生态环境变化影响的量化方法

结合气候变化和人类活动对研究区不同年代径流变化的贡献率、河流生态健康评价指标体系及河流生态健康评价模型，量化分析气候变化及人类活动对河流生态环境变化的贡献率。

在分离气候变化因子与人类活动因子时，按照气候变化对河流健康综合指数的影响，分析 20 世纪 80 年代、90 年代和 21 世纪初与基准期评价结果的差异来确定气候变化因子对河流生态健康的影响。即得到各时期气候变化对河流健康的影响值。再将其除以该时期实际的河流自然生态健康指数变化值，就可以得到该时期气候变化因子对河流生态健康变化的贡献率。用 1 减去气候变化因子对河流生态健康变化的贡献率即为人类活动因子对河流生态健康变化的贡献率。同理，人类活动因子中水利工程因子、社会经济用水因子、城镇化因子、水土保持因子均可按照上述方法计算出各自对研究区河流生态健康变化的贡献率，其中水利工程因子还考虑了纵向连续性指标，城镇化因子还考虑了水质达标率。在考虑水质达标率时，认为影响河流水质的主要因素为城镇化带来的废污水排放量和各因子综合影响下的河道水量变化，模拟滦河的三者关系得到如下公式：

$$z = -0.12336W + 0.28634 \lg Q + 0.73389 \tag{8.10}$$

式中，z 为滦河水质达标率，%；W 为流域废污水排放量，亿 t；Q 为滦县站径流量，m^3/s。模拟结果如图 8.2 所示。

在考虑湿地保存率时，建立径流量与湿地面积的关系曲线。模拟的经验公式如下：

$$A = 190.591 \lg Q + 223.94 \tag{8.11}$$

式中，A 为流域湿地面积，km^2；Q 为滦县站径流量，m^3/s。

下面用图解的方式具体说明气候变化及人类活动对河流生态环境变化影响的量化方法。

基准期河流生态健康综合指数为 I_0，变化期实际的河流生态健康综合指数为 $\bar{I}$，则气候变化和人类活动对河流生态健康综合指数总的影响量 IC 为

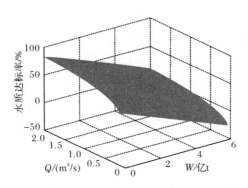

图 8.2　滦河水质达标率模拟图

$$IC = I_0 - \bar{I} \tag{8.12}$$

按照分离气候变化和人类活动对流域径流变化影响的模拟情景方式,利用基准期模型数据资料以及模型率定后的参数,改变降水、气温,获得只有气候变化下的河流生态健康综合指数线如图 8.3 中的灰线所示,则气候变化对河流生态健康综合指数的影响量 ICC 为

$$ICC = I_0 - I' \tag{8.13}$$

人类活动对河流生态健康综合指数的影响量 IHC,即为总的影响量减去气候变化对河流生态健康综合指数的影响量,如式(8.14)所示。

$$IHC = IC - ICC \tag{8.14}$$

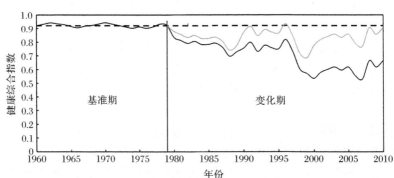

图 8.3　气候变化和人类活动对滦河河流生态健康影响分离示意图

人类活动各因子对河流生态健康影响分离示意图如图 8.4 所示。其中相对于基准期,分别只改变社会经济用水因子、水利工程因子、水土保持因子、城镇化因子和地下水开采因子,计算得到相应状态下的河流生态健康综合指数为 I_1、I_2、I_3、I_4、I_5,则人类活动各因子对河流生态健康综合指数的影响值分别为 ΔI_1、ΔI_2、ΔI_3、ΔI_4、ΔI_5,将其分别除以总的河流生态健康综合指数的变化值,即可得到人类

活动各因子对河流生态健康变化的贡献率。

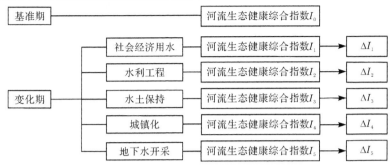

图 8.4　人类活动各因子对河流生态健康影响分离示意图

8.1.3　基准期划分及气候因子还原

1. 基准期划分

采用流域水文模拟法分析气候变化和人类活动对流域径流变化的影响,通常需要根据实测资料将流域水文序列划分为基准期和变化期。基准期流域受人类活动影响较小,气候变化缓慢,这一时期被认为是流域下垫面基本不变,气候因子维持稳定的时期;而变化期即为人类活动频繁,下垫面发生较大改变,同时气候呈明显变化的时期。

降水作为径流的直接来源,其演变直接影响径流的形成和变化。考虑序列的完整性、可靠性和代表性,在滦河流域选取滦县站作为代表站,采用双累积曲线法(double mass analysis)分析降水-径流关系变化,从而确定下垫面受人类活动影响发生显著改变的时间。

双累积曲线法是进行时间序列分析的一种常用方法。它的基本思想是两个变量按同一时间长度逐步累加。一个变量作为横坐标,另一个变量作为纵坐标,其拐点可作为分析变量阶段性变化的依据[115]。当只有降水的变化而无其他因素影响时,双累积曲线应为一条直线;当受到人类活动等其他因素影响时,曲线将会发生偏移,可根据双累积曲线发生偏移的年份确定下垫面受人类活动发生显著改变的时间点,偏移的程度反映人类活动影响的剧烈程度。因此,降水与径流的双累积曲线可以揭示人类活动对径流影响的阶段性变化。

图 8.5 所示为滦河流域滦县站的降水-径流双累积曲线。受人类活动的影响,滦河流域降水-径流关系发生显著偏离的时间是 1979 年、1989 年和 1997 年。据此可以将整个降水-径流关系划分为四个阶段:1960~1979 年、1980~1989 年、1990~1997 年和 1998~2010 年。由此也初步验证了前面最终确定滦河流域径流突变点的合理性。

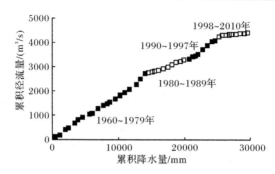

图 8.5　滦河流域滦县站的降水-径流双累积曲线

　　总之,由于受到不断增加的人类活动的影响,研究区产流能力减弱,径流对降水的响应程度减弱,这其中有降水减少对径流的影响,但很大程度上人类活动对水资源的消耗起了更大作用。

　　根据所选取流域的水文站点长时间序列的突变分析结果,考虑流域分析的统一性,综合流域实际情况以及研究系列的长度,参考前人[116-119]的研究成果,最终选取 1979 年作为划分滦河流域基准期及变化期的突变点。由此,可以认为滦河流域变化期为 1980~2010 年。为了便于之后分析不同人类活动影响下的生态环境变化情况,将变化期又划分为三个时间段,分别为 20 世纪 80 年代、90 年代和 21 世纪初,如图 8.6 所示。

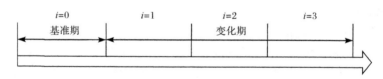

图 8.6　研究区不同时期划分示意图

2. 研究区降水、温度还原计算

1) 降水还原计算

　　从实际掌握的滦河流域雨量站的分布可以看出,本书研究区流域雨量站分布比较均匀且数量较多,因此采用算术平均法求得流域的年平均降水量,以此作为各片区内代表降水量,作为降水还原的依据。日降水量的还原方法如下:

　　(1) 根据流域年平均降水长序列资料分析线性变化趋势。由趋势线得到降水序列线性变化幅度,从而将每年降水线性变化增加量作为该流域内雨量站年降水还原减少量。

　　(2) 利用基准期的降水资料求出流域内各月平均降水量,并依此求出年内降水量各月分配系数。利用月分配系数对年平均降水线性变化增加量进行年内各月份分配得到各月降水还原量。

（3）日降水还原量由各月降水还原量除以各月天数求得。

（4）还原后日降水量即实测日降水量与日降水还原量之和。

分析滦河流域降水量的变化趋势可知，滦河流域上、中、下游在 1960~2010 年降水变化的趋势差别较大。滦河上游的年降水线性变化量为 -0.7872mm/a，中游的年降水线性变化量为 -1.1878mm/a，下游的年降水线性变化量为 -3.1559mm/a，则滦河流域上、中、下游降水量还原前后的趋势变化如图 8.7~图 8.9 所示。从图中可以看出，还原后的年降水量可以认为基本无趋势变化。

根据前面划分的滦河流域基准期（1960~1979 年），求出滦河流域上、中、下游区域内的多年平均降水量过程，并求出该区域内的多年平均降水量年内月分配系数，见表 8.1 和图 8.10。将月分配系数作为变化期年降水还原量月分配系数。按上、中、下游各月分配系数将各区域内年降水还原量分配得到年内各月还原量，将月降水还原量平均分配到月内每日，最后将日降水还原量与原降水量叠加，得到一个新的降水序列，这个新的降水序列被认为是没有趋势变化的降水序列。

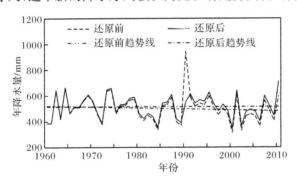

图 8.7　滦河上游年降水量还原前后趋势图

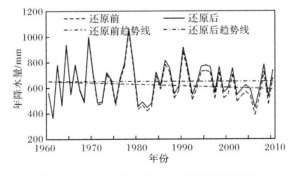

图 8.8　滦河中游年降水量还原前后趋势图

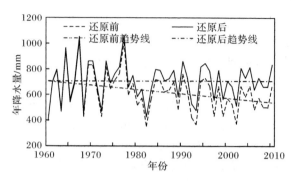

图 8.9　滦河下游年降水量还原前后趋势图

表 8.1　滦河流域基准期多年平均降水量年内月分配系数　　　（单位：%）

月份	上游	中游	下游
1	0.38	0.35	0.32
2	0.85	0.77	0.91
3	1.52	0.92	1.03
4	3.27	3.60	3.91
5	7.43	5.32	5.36
6	13.26	13.39	14.15
7	32.38	35.74	39.88
8	25.40	25.65	25.37
9	10.07	8.27	7.95
10	4.34	4.41	4.43
11	0.82	1.11	1.23
12	0.28	0.46	0.66

　　由图 8.7～图 8.9 可以看出，还原后的降水量没有明显的整体趋势（下降或上升）变化。但是，在不同的年代际内，降水出现整体的偏多或偏少。关于这种连续多年偏多或者偏少的降水，可以认为这种变化是属于气候本身的一种特征变化——降水丰枯变化。

　　2）温度还原计算

　　温度主要与年内季节变化有关，因此对于温度，适宜分析年际间的季节性温度变化趋势，按各月变化趋势单独做月趋势变化及还原。具体的还原方法如下：

　　（1）整理分析得到气象站点各月平均温度，利用各月平均温度长序列值求出各月的平均温度线性变化趋势。

　　（2）根据各月的平均温度线性变化趋势，将每年该月趋势变化量作为该月平均温度的还原量。

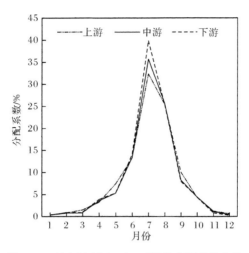

图 8.10　滦河流域上、中、下游月分配系数比较

（3）逐日温度还原量等于月平均温度还原量。

（4）还原后的逐日温度由实测日温度与日温度还原量之和计算得到。

考虑到流域内各个气象站的代表性较强，因此，温度序列值采用逐个站点逐月分析进行还原。具体的还原计算结果如下：

根据滦河流域多伦、丰宁、围场、承德、遵化、唐山、乐亭 7 个气象站长序列各月平均最高温度、平均最低温度做出各站逐月年线性变化趋势图，得到的月线性变化幅度作为温度序列气候变化量。相关线性变化量见表 8.2 及表 8.3。

表 8.2　滦河流域各气象站月平均最高温度线性变化量

月份	月平均最高温度线性变化量/（℃/a）						
	多伦	丰宁	围场	承德	遵化	唐山	乐亭
1	0.0523	0.0443	0.0443	0.0443	0.0443	0.0443	0.0443
2	0.0706	0.0681	0.0767	0.0449	0.0593	0.0639	0.0647
3	0.0582	0.0387	0.0608	0.0539	0.0493	0.0545	0.0522
4	0.0223	0.0326	0.0507	0.0488	0.0240	0.0353	0.0359
5	0.0089	−0.002	0.0162	0.0308	−0.0092	−0.0051	−0.0095
6	0.0268	0.0195	0.0290	0.0535	0.0020	0.0133	0.0026
7	0.0245	0.0240	0.0258	0.0532	0.0141	0.0208	0.0026
8	0.0196	0.0258	0.0214	0.0444	0.0211	0.0206	0.0117
9	0.0283	0.0288	0.0344	0.0416	0.0182	0.0318	0.0232
10	0.0005	0.0078	0.0185	0.0248	0.0010	0.0177	0.0126
11	0.0116	0.0234	0.0150	0.0026	0.0117	0.0132	0.0095
12	0.0479	0.0231	0.0300	0.0055	0.0123	0.0146	0.0107

表 8.3　滦河流域各气象站月平均最低温度线性变化量

月份	月平均最低温度线性变化量/(℃/a)						
	多伦	丰宁	围场	承德	遵化	唐山	乐亭
1	0.0758	0.0443	0.0443	0.0443	0.0443	0.0443	0.0443
2	0.1136	0.1017	0.0678	0.0241	0.1033	0.0881	0.1097
3	0.0838	0.0635	0.0476	0.0102	0.0795	0.0666	0.0717
4	0.0494	0.0535	0.0352	−0.0017	0.0717	0.0646	0.0685
5	0.0436	0.0441	0.0263	−0.0194	0.0477	0.0362	0.0514
6	0.0351	0.0380	0.0322	−0.0075	0.0401	0.0432	0.0463
7	0.0150	0.0154	0.0192	−0.0178	0.0182	0.0247	0.0227
8	0.0146	0.0284	0.0171	−0.0165	0.0303	0.0237	0.0279
9	0.0400	0.0606	0.0365	−0.0096	0.0626	0.0470	0.0614
10	0.0480	0.0472	0.0175	−0.0268	0.0520	0.0394	0.0543
11	0.0549	0.0481	0.0167	−0.0263	0.0466	0.0258	0.0372
12	0.0841	0.0744	0.0427	−0.0015	0.0925	0.0568	0.0691

　　依据各月平均温度序列的线性变化量,计算变化期各站每年各月的温度还原量。

　　利用各月平均温度序列的线性变化量对月内逐日实际温度进行叠加,即进行还原计算,还原后的温度序列被认为是没有趋势变化特点的温度序列。

8.2　分布式生态水文模型的构建

8.2.1　模型基本原理及结构

　　SWAT(soil and water assessment tool)模型是由美国农业部农业研究中心开发的一个具有物理机制的、长时段的流域尺度模型。模型开发的目的是在具有多种土壤、土地利用和管理条件的复杂流域,预测土地管理措施对水、泥沙和农业污染物的影响[120]。SWAT 模型和 GIS 平台相结合,支持地形、土地利用、土壤等空间信息的识别,为模型能够更好地模拟流域空间变化过程提供较好的资料数据库。SWAT 模型最初只是应用在流域非点源污染的模拟上,经过不断的改进和发展,模型在水资源、水环境中得到广泛的认可和普及。在模型模拟的时间尺度上,模型可以以日为时间单位运行,也可以进行长时间连续多年的模拟计算。目前 SWAT 模型在全球各地区、多个流域内取得了广泛验证,是国际上认为较先进的流域模型。在一个大型复杂的流域内,SWAT 模型能够综合考虑降水变化、土壤的温度和属性、土地利用和各种管理措施的影响,模拟反映出流域内产流、产沙效应,非点源污染模拟控制和水文循环效应等状况,从水文循环、污染物迁移、气候变化和洪水洪峰流量变化等角度评估流域受到长期影响的变化[121]。

SWAT 模型用于模拟地表水和地下水的水质和水量,长期预测土地管理措施对具有多种土壤、土地利用和管理条件的大面积复杂流域的水文、泥沙和农业化学物质产量的影响,其中主要包括水文过程子模型、土壤侵蚀子模型和污染负荷子模型[121]。根据本书的需要,主要介绍水文过程子模型。

1. 模型基本原理与模块

SWAT 模型模拟的流域水文过程主要包括两方面:陆地水文循环阶段(产流和坡面汇流部分)和河道水文演算阶段。陆地水文循环阶段控制每个子流域内主河道的水、沙、营养物质和化学物质等的输入量;河道水文演算阶段决定水、沙等物质从河网向流域出口的输移运动[122]。

模拟的水循环所遵循的水量平衡方程为

$$SW_t = SW_0 + \sum_{i=1}^{t} (R_{day} - Q_{surf} - E_a - W_{seep} - Q_{gw}) \qquad (8.15)$$

式中,SW_t 为土壤最终含水量,mm;SW_0 为土壤初始含水量,mm;t 为时间,d;R_{day} 为第 i 天总降水量,mm;Q_{surf} 为第 i 天地表径流总量,mm;E_a 为第 i 天蒸散发总量,mm;W_{seep} 为第 i 天土壤侧流总量,mm;Q_{gw} 为第 i 天地下径流总量,mm。

1) 地表径流计算

当降水强度超过地面下渗率时,就会产生地表径流。SWAT 提供了两种方法计算地表径流:径流曲线数法(runoff curve number method)和 Green-Ampt 方法。Green-Ampt 方法适用于满足超渗产流的区域且需要以小时为单位的雨量数据,考虑滦河流域下垫面实际情况与资料的限制,本书采用径流曲线数法计算。

径流曲线数法是 20 世纪 50 年代由美国农业部水土保持局研制的小流域设计洪水计算方法,该方法是根据美国境内 2000 多个小流域 20 余年降水径流关系的统计经验分析并总结而得到的,无严格的理论解释。但是,由于其由实测资料统计分析得到,本身就代表着自然规律,大量应用结果也表明了其合理性,后来在使用过程中部分参数被赋予了物理意义。

径流曲线数法计算地表径流的计算公式为

$$Q_{surf} = \frac{(R_{day} - I_a)^2}{R_{day} - I_a + S} \qquad (8.16)$$

式中,R_{day} 为日降水量,mm;I_a 为初损量,mm,包括填注、截留等;S 为持水量,mm;Q_{surf} 为地表径流量,mm。I_a 通常近似等于 $0.2S$;只有当 $R_{day} > I_a$ 时,才会产生地表径流。

持水量随着土壤属性、土地利用/土地覆盖、田间管理和坡度的变化而不同,在时间上,截留量随着土壤含水量的变化而变化。持水量相关计算公式定义为

$$S = 25.4\left(\frac{100}{CN} - 10\right) \tag{8.17}$$

式中,CN 为当日的曲线数。CN 参数反映出流域下垫面条件对产流过程的影响。CN 值主要与土壤的渗透性、土地利用/土地覆盖和前期土壤湿润程度有关。CN 值越大,说明流域的持水量越小,产生的地表径流量越大。

2) 蒸散发计算

SWAT 模型中,流域的实际蒸散发量是在潜在蒸散发的基础上计算得到的。潜在蒸散发最早是由 Thornthwaite 提出的。他认为潜在蒸散发为土壤充分供水条件下,植被均匀覆盖区域的蒸散发速率。模型采用三种方法计算潜在蒸散发量:Penman-Monteith 方法、Priestley-Taylor 方法和 Hargreaves 方法。Priestley-Taylor 方法通常适用于较湿润地区,Penman-Monteith 方法的精确计算需要掌握以小时为单位的风速、湿度和净辐射等数据,如果以日均值代替,则不符合相关公式中参数的日分布情况。因此,综合考虑研究区流域属于半干旱地区的实际情况,以及当前资料的详细程度,本书采用 Hargreaves 方法来计算流域内的潜在蒸散发量,该方法只需要输入气温的相关资料,其计算公式为

$$ET_0 = 0.000939H_0(T_{mean} + 17.8)(T_{max} - T_{min})^{0.5} \tag{8.18}$$

式中,ET_0 为用 Hargreaves 方法计算的潜在蒸散发量,mm/d;H_0 为太阳辐射,MJ/(m² · d);T_{mean} 为日平均气温,℃;T_{max} 为日最高气温,℃;T_{min} 为日最低气温,℃。

在潜在蒸散发量的基础上计算实际蒸散发量。首先从植被冠层截留蒸发开始计算,然后计算植物蒸腾和土壤水分蒸发,最后计算实际的升华量和土壤水分蒸发量。

(1) 冠层截留蒸发。

模型中首先计算冠层截留蒸发。若潜在蒸发量 E_0 小于冠层自由水量 E_{int},则

$$E_a = E_{can} = E_0 \tag{8.19}$$

$$E_{int}(f) = E_{int}(i) - E_{can} \tag{8.20}$$

式中,E_a 为当日流域的实际蒸发量,mm;E_{can} 为当日冠层自由水的蒸发量,mm;E_0 为当日潜在蒸发量,mm;$E_{int}(i)$ 为当日冠层的初始自由水含量,mm;$E_{int}(f)$ 为当日时段末冠层自由水含量,mm。

若潜在蒸发量 E_0 大于冠层自由水量 E_{int},则

$$E_{can} = E_{int}(i), \quad E_{int}(f) = 0 \tag{8.21}$$

（2）植物蒸腾。

假设植被生长在一个理想的条件下，植物蒸腾由以下计算公式得到：

$$E_t = \frac{E'_0 \cdot \mathrm{LAI}}{3.0}, \quad 0 \leqslant \mathrm{LAI} \leqslant 3.0 \tag{8.22}$$

$$E_t = E'_0, \quad \mathrm{LAI} > 3.0 \tag{8.23}$$

式中，E_t 为某日最大蒸腾量，mm；E'_0 为植被冠层自由水蒸发调整后的潜在蒸发量，mm；LAI 为叶面积指数。

（3）土壤水分蒸发。

假设土壤蒸发的需水量中 50% 是从 0~10mm 的上层土壤层中获得的，当上层土壤的水分无法满足土壤蒸发需要时，由下层土壤通过毛细作用和裂隙作用等对上层土壤供水。SWAT 模型通过 esco 来调整蒸发量，以便满足蒸发需水量要求，计算公式为

$$E_{\mathrm{soil,ly}} = E_{\mathrm{soil,zl}} - E_{\mathrm{soil,zu}} \cdot \mathrm{esco} \tag{8.24}$$

式中，$E_{\mathrm{soil,ly}}$ 为该土壤层的蒸发需水量，mm；$E_{\mathrm{soil,zl}}$ 为该土壤层底部的蒸发需水量，mm；$E_{\mathrm{soil,zu}}$ 为该土壤层顶部的蒸发需水量，mm；esco 为蒸发补偿系数，随着 esco 减小，模型能够从深层土壤获得的水分供给越多。

当土壤层的含水量低于田间持水量时，该土壤层的蒸发需水量相应减少，相应蒸发需水量计算方程为

$$E'_{\mathrm{soil,ly}} = E_{\mathrm{soil,ly}} \exp\left[\frac{2.5(\mathrm{SW_{ly}} - \mathrm{FC_{ly}})}{\mathrm{FC_{ly}} - \mathrm{WP_{ly}}}\right], \quad \mathrm{SW_{ly}} < \mathrm{FC_{ly}} \tag{8.25}$$

$$E'_{\mathrm{soil,ly}} = E_{\mathrm{soil,ly}}, \quad \mathrm{SW_{ly}} \geqslant \mathrm{FC_{ly}} \tag{8.26}$$

式中，$E'_{\mathrm{soil,ly}}$ 为调整后的 ly 层土壤蒸发需水量，mm；$\mathrm{SW_{ly}}$ 为 ly 层土壤的蒸发需水量，mm；$\mathrm{FC_{ly}}$ 为 ly 层土壤的田间持水量，mm；$\mathrm{WP_{ly}}$ 为 ly 层土壤的凋萎持水量，mm。

3）地下径流计算

在 SWAT 模型中，只有浅层地下水对该流域的河川径流有补给量，且模型假定当浅层饱和水带中的水位高于相应的临界值时才产流。浅层地下水中进入河道的水量计算公式为

$$Q_{\mathrm{gw},i} = \begin{cases} Q_{\mathrm{gw},i-1} \exp(-\alpha_{\mathrm{gw}} \Delta t) + w_{\mathrm{rchrg,sh}}[1 - \exp(-\alpha_{\mathrm{gw}} \Delta t)], & \mathrm{aq_{sh}} > \mathrm{aq_{shthr,q}} \\ 0, & \mathrm{aq_{sh}} \leqslant \mathrm{aq_{shthr,q}} \end{cases}$$
$$\tag{8.27}$$

式中，$Q_{\mathrm{gw},i}$ 为当日进入河道的浅层地下水量，mm；$Q_{\mathrm{gw},i-1}$ 为前一日进入河道的浅层地下水量，mm；α_{gw} 为地下水退水常数；Δt 为时间步长，d；$\mathrm{aq_{sh}}$ 为浅层地下水层的含水量，mm；$w_{\mathrm{rchrg,sh}}$ 为浅层地下水层的补给量，mm；$\mathrm{aq_{shthr,q}}$ 为浅层地下水层向河道径流补给的阈值。

4）河道汇流演算

SWAT 模型的主河道演算过程中，一部分水量通过蒸发被损失掉，一部分因为农业灌溉用水和人类生活及工业用水而消耗，剩余的水量则形成河道径流。主河道汇流计算可采用变动存储系数法或马斯京根法，分为水、泥沙、营养物和化学物质等四部分。

以马斯京根法为例介绍洪水演算的方法：

$$q_{\text{out},2} = c_1 q_{\text{in},2} + c_2 q_{\text{in},1} + c_3 q_{\text{out},1} \tag{8.28}$$

$$c_1 = \frac{\Delta t - 2Kx}{2K(1-x) + \Delta t} \tag{8.29}$$

$$c_2 = \frac{\Delta t + 2Kx}{2K(1-x) + \Delta t} \tag{8.30}$$

$$c_3 = \frac{2K(1-x) - \Delta t}{2K(1-x) + \Delta t} \tag{8.31}$$

式中，$c_1 + c_2 + c_3 = 1$；q_{out} 为河段的出流量，m^3/s；q_{in} 为河段的入流量，m^3/s；K 为河段时间常数；x 为权重因子，一般为 $0 \sim 0.5$，对于一般河段 x 为 $0 \sim 0.3$，平均值接近 0.2；$q_{\text{in},1}$ 为时段初的入流量，m^3/s；$q_{\text{in},2}$ 为时段末的入流量，m^3/s；$q_{\text{out},1}$ 为时段初的出流量，m^3/s；$q_{\text{out},2}$ 为时段末的出流量，m^3/s。

2. 模型结构

SWAT 模型采用先进的模块化结构，水循环的每一个环节对应一个子模块，十分方便模型的扩展和应用。模型由三部分组成：子流域水文循环过程、河道径流演算和水库水量平衡过程。子流域水文循环过程包括八个模块：水文过程、气候、产沙、土壤温度、作物生长、营养物质、杀虫剂和农业管理；河道径流演算部分包括洪水径流演算、泥沙径流、营养物质和杀虫剂运移过程；水库水量平衡过程包括水库入流、出流、蒸发、渗漏、表面降水、引水和回流。

按照模拟的需要，SWAT 模型将流域离散为一系列子流域，来实现对诸如土壤、土地利用和管理措施这些大尺度空间变量的表述。子流域的划分主要通过设置子流域最小面积的阈值实现。在每个子流域内，根据不同的土地利用和土壤类型，再将每个子流域进一步划分为一个或多个下垫面情况相对单一的水文响应单元（hydrological response unit，HRU），各 HRU 之间相互独立，作为模型中最基本的计算单元。这样可以在不同的土地利用、土壤类型和水文环境下，更客观地描述水循环过程。进行模拟计算时，则是每一个 HRU 对水、沙、营养物质和农药的输移、损失做出响应，然后在子流域范围内进行累加，并演算到支流，最后通过河道汇流演算计算到流域出口[123]。

本书中 SWAT 模型首先通过 GIS 平台模型输入空间资料进行处理，提取水系河网，划分子流域和水文响应单元。模型按照水文响应单元、子流域的分布进行流域内产流计算,将子流域内产生的坡面汇流汇入河道内的流量部分,按照河网及水库汇流演算得到流域出口总径流量。根据河道和单元内指定的取水口,对河道或水库内的水量进行灌溉、工业取用水的小循环模拟。

8.2.2　滦河流域 SWAT 模型构建

1. 水系提取及子流域划分

本次模型构建的研究区域为整个滦河水系。

1) 河网提取

将 DEM 数据输入模型中,模型可以自动对其进行填挖处理,也可以根据实测的模拟河网数据,对模型自行生成的河网进行矫正处理,这一功能主要应用在复杂的平原河网区。河网生成的详细程度可以根据流域大小以及模拟应用条件的需要自行控制,通常情况下,默认将流域面积的 10%~30% 作为上游集水区面积阈值大小来进行控制。研究中滦河水系阈值选取 30000hm²,根据 DEM 数据输入模型,经过模型自动对其进行填挖处理,提取后的河网如图 8.11 所示。

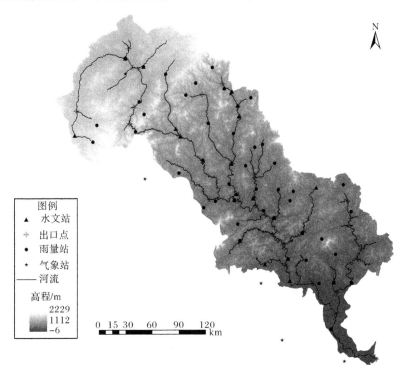

图 8.11　滦河流域 DEM 及气象站和水文站的分布

2) 子流域划分

河网提取以后,即可根据河网各级支流的汇点以及自定义添加的流域河道上的人工取用水的入流点、出流点进行子流域的划分。通过一系列的计算分析,将滦河流域划分为 67 个子流域,如图 8.12 所示。

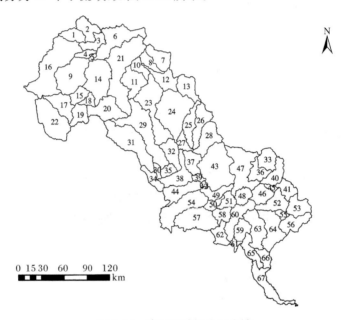

图 8.12　滦河流域划分子流域

（1）土地利用数据库构建。

SWAT 模型提供土地利用查询表,方便用户将手中的土地利用类型根据模型要求重新编码。模型中提供已定义的两个土地利用数据库:土地覆盖/植被数据库、城市土地利用类型数据库。用户既可以根据需要在已提供的数据中找到所需的土地利用数据,也可以结合研究区的实际情况,自定义土地利用情况。

本节涉及的土地利用数据有 1985 年、1995 年和 2005 年的遥感影像图,数据源来自美国 Landsat 卫星 TM 影像数据。依据数据一致性原则,对 1985 年、1995 年和 2005 年三期图像进行遥感解译,生成相应的土地利用图。结合 SWAT 模型提取河网水系,裁剪土地利用图,并将此土地利用类型重新编码,划分为模型能够识别的 13 类编码,土地利用类型重分类编码转换见表 8.4。

表 8.4　基于陆地生态系统特点的遥感土地覆盖分类系统

编码	土地利用类型	重分类编码	编码	土地利用类型	重分类编码
21	有林地	FRST	23	疏林地	FRST
22	灌木林地	RNGB	24	其他林地	ORCD

编码	土地利用类型	重分类编码	编码	土地利用类型	重分类编码
31	高覆盖草地	RNGB	63	盐碱地	SWRN
32	中覆盖草地	RNGE	64	沼泽地	WETL
33	低覆盖草地	SWRN	65	裸土地	SWRN
41	河渠	WATR	66	裸岩石砾	SWRN
42	湖泊	WATR	111	山地水田	AGRL
43	水库坑塘	WATR	112	丘陵水田	RICE
45	滩涂	WETL	113	平原水田	RICE
46	滩地	WETL	121	山地旱田	WWHT
51	城镇用地	URHD	122	丘陵旱田	WWHT
52	农村居民地	URML	123	平原旱田	WWHT
53	其他建设用地	UTRN	124	大于 25 度旱地	WWHT
61	沙地	SWRN			

（2）土壤数据库构建。

本书采用中国科学院资源环境科学数据中心提供的 1∶100 万的土壤分布图,数据格式为 grid 栅格格式,投影为 WGS84,采用的土壤分类系统为 FAO-90,该土壤分布图的分类与模型自带的美国土壤数据库分类不同,因此通过用户自定义的方式,定义研究区土壤的物理及化学相关数据。部分土壤属性值可以参考《中国土种志》及海河流域县级地方土种志,土壤类型重分类编码见表 8.5。滦河流域的土壤类型分布如图 8.13 所示。

表 8.5　土壤类型重分类编码

编码	模型中编码	土壤类型	编码	模型中编码	土壤类型
1	ARb	红砂土	5	CMd	始成土
2	ARc	红砂土	6	CMe	始成土
3	ARh	红砂土	7	CHh	黑钙土
4	CMc	始成土	8	CHk	黑钙土
9	FLc	冲积土	21	LPk	浅层土
10	FLe	冲积土	22	LVg	淋溶土
11	FLs	冲积土	23	LVh	淋溶土
12	GLe	潜育土	24	LVk	淋溶土
13	GLk	潜育土	25	PHc	黑土
14	GLm	潜育土	26	PHg	黑土

续表

编码	模型中编码	土壤类型	编码	模型中编码	土壤类型
15	GRh	灰色森林土	27	RGc	粗骨土
16	KSh	栗钙土	28	RGd	粗骨土
17	KSk	栗钙土	29	RGe	粗骨土
18	KSl	栗钙土	30	SNg	碱土
19	LP	浅层土	31	SCh	盐土
20	LPe	浅层土	32	VRe	变性土

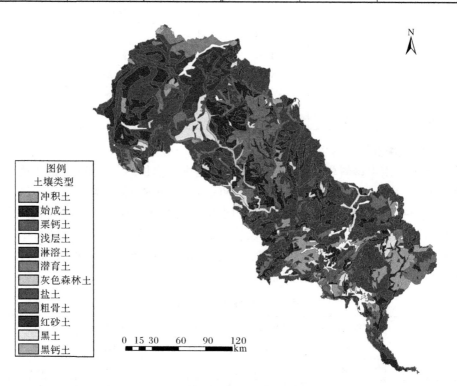

图 8.13　滦河流域的土壤类型分布

（3）坡度分类。

ArcSWAT 提供了坡度分类的功能，当一个子流域的坡度范围很广时，坡度分类就显得更加重要。由于本书对研究区人类活动因子-水土保持进行量化分析研究，而不同坡度的水土保持措施条件下对应的土壤保持措施因子（P_{USLE}）不同，因此，参照 1978 年 Wischmeier 和 Smith 提出的 P_{USLE} 值，将研究区坡度分为五类：0～2％、2％～8％、8％～16％、16％～25％、25％～99.99％。

（4）水文响应单元划分。

每个子流域内的土地利用或土壤类型可能很多，从计算效率上考虑，如果某一土地利用或土壤类型或坡度在子流域中所占面积特别小，那么其所占的区域是可以忽略的。为了去掉子流域中面积比较小的土地利用/土地覆被部分，设定一个土地利用面积比阈值，大于该值的覆被类型被保留下来，而被去掉的覆被所占用的面积以面积比的大小分配到保留下来的覆被中去。当每一个子流域中土地利用类型确定以后，再针对每一种土地利用类型统计其上土壤类型所占的面积百分比；同理，为了去掉土地利用中面积比较小的土壤部分，设定一个土壤面积比阈值，大于该值的土壤类型被保留下来，而被去掉的土壤类型所占的面积以面积比的大小分配到保留下来的土壤中去；为了去掉土壤中面积较小的坡度部分，设定一个坡度面积比阈值，大于该值的坡度类型被保留下来，而被去掉的坡度类型所占的面积以面积比的大小分配到保留下来的坡度中去。最后生成的每一个水文响应单元是一种土地利用类型、一种土壤类型和一种坡度类型的组合体。

本书对于研究区的模拟采用的是多水文响应单元划分方法，即每一个子流域划分为多个水文响应单元。划分时需设置三个阈值：土地利用面积比阈值、土壤面积比阈值和坡度面积比阈值。

土地利用面积比阈值用来确定子流域内需保留的最小土地利用面积。本书选为 4%，即子流域内土地利用面积比小于 4% 的土地利用在计算时不予考虑，而原来大于 4% 的土地利用则按其不同类型的面积比例，以子流域为单位重新进行分配。土壤面积比阈值和坡度面积比阈值均设为 4%，原理与土地利用相同。

阈值设定后，SWAT 模型利用子流域土地利用、土壤类型和坡度中大于设定阈值的类型创建水文响应单元，可以将子流域划分为更加细化的水文响应单元，便于模型根据不同的下垫面情况进行产汇流计算。将滦河流域划分为 4714 个水文响应单元。

2. 水文气象站点

选取滦河流域内多伦、围场、承德、丰宁、遵化、唐山、乐亭 7 个气象站。气象站提供 1960～2010 年的长序列观测数据，建立各个气象站的逐日降水量、最高气温、最低气温、相对湿度、风速、太阳辐射等实测数据序列。为了便于对模型率定后的检验，从上中游选择承德（二）站，下游选择滦县站。两个水文站都具有 1960～2010 年的实测径流量序列。相应的气象站和水文站的分布如图 8.11 所示。

8.2.3　模型参数率定

1. 参数敏感性分析

SWAT 模型中涉及的参数众多，对每一个参数都进行调节是相当困难的，而参数敏感性分析模块很好地解决了这一问题。通过合理地抽样多次试算并统计,对各参数的影响等级进行评价并排序,得到对流域水循环及径流模拟结果有较大影响的参数,使用户清楚地知道影响模型模拟结果的主要参数,有利于进一步的模型调参工作。通过对这些敏感性的参数进行率定,提高模拟的精度,对模型的校准将达到事半功倍的效果。

本书利用 SWAT-CUP 的 SUFI 2 方法对研究区进行模型参数敏感性分析,滦河流域参数敏感性分析结果见表 8.6。

表 8.6　滦河流域参数敏感性分析结果

序号	参数名称	t 值	P 值	参数意义
1	v__CH_N2. rte	15.7958	0.0000	主河道曼宁系数
2	r__SOL_AWC(1). sol	1.4937	0.1461	土壤可利用水量
3	r__CN2. mgt	−1.4764	0.1506	SCS 径流曲线系数
4	v__GW_REVAP. gw	1.2453	0.2230	地下水再蒸发系数(0.02~0.2)
5	v__GW_DELAY. gw	0.2341	0.8166	地下水滞后系数
6	v__GWQMN. gw	−0.1890	0.8515	浅层地下水径流系数
7	v__CH_K2. rte	0.1422	0.8879	主河道淤积层有效水力传导系数
8	v__ALPHA_BF. gw	−0.1252	0.9012	基流 α 系数
9	v__ALPHA_BNK. rte	0.0612	0.9516	河岸基流 α 系数
10	v__ESCO. hru	−0.0221	0.9825	土壤蒸发补偿系数(0~1)

参数名称之前的 r、v 表示参数的修改方式,首先给定参数的变化范围,r 表示结果为原值乘以 1 与变化值之和,v 表示以变化范围内的值直接替代原始值。如此设计是结合 SWAT 模型作为分布式模型的特征,众多参数依赖于流域的空间分布,依土地利用类型和土壤类型不同而变化,不能用一个统一的值来代替,如不同的土地利用和土壤类型组合对应特定的 CN_2 值,不同的土壤类型有其相应的 SOL_AWC 值。使模型参数尽可能地符合流域实际分布情况,以增加模型的合理性和模拟的准确性[124]。

在 SWAT-CUP 中,参数敏感性分析采用 t 检验和 P 值检验两种方法。一般而言,t 的绝对值越大,参数敏感性越强;而 P 值越接近于 0,参数敏感性越强;反之,P 值越接近于 1,参数的敏感性则越弱。一般而言,SWAT-CUP 可对敏感性参数进行排序,序号越小,排序越靠前,参数的敏感性越强,对流域产流产沙的模拟结果也越大[125]。

2. 参数率定

根据已经划分好的基准期及变化期,分别输入 1960~1970 年的滦河流域降水及温度等气象资料,进行研究区基准期内的径流模拟。利用 SWAT-CUP 的 SUFI 2 方法对模型参数进行率定分析,最终确定模型参数。

　　由于滦河流域面积较大,山区地形条件与下游平原区地形条件相差较大,因此,对流域上中游和下游平原区分别进行参数率定及验证。流域上中游的径流模拟率定选取承德(二)站资料,流域下游的径流模拟率定选取滦县站资料。参数最终调整结果见表 8.7。

表 8.7　滦河流域参数率定结果

序号	参数名称	参数范围	参数最终取值
1	v__CH_N2. rte	0.1926～0.3151	0.3075
2	r__SOL_AWC(1). sol	0.2852～0.4516	0.3663
3	r__CN2. mgt	−0.1260～−0.0013	−0.0527
4	v__GW_REVAP. gw	0.1932～0.1376	0.1592
5	v__GW_DELAY. gw	316.4303～490.4812	423.0365
6	v__GWQMN. gw	2.0919～2.6133	2.5547
7	v__CH_K2. rte	−72.2789～0.3173	−18.7392
8	v__ALPHA_BF. gw	0.4354～0.5330	0.4879
9	v__ALPHA_BNK. rte	0.4027～0.7491	0.7101
10	v__ESCO. hru	0.6978～0.7815	0.7030

8.2.4　模拟结果评价

1. 模型指标选取

　　模型模拟效果的好坏直接反映模型在一个地区的适用性。SWAT 模型评价通常选用三个指标:相对误差(Re)、相关系数(R^2)和纳什系数(Nash-Suttcliffe, NS)。相对误差可以检验模型模拟水量是否平衡,而相关系数和纳什系数用来检验模拟过程拟合是否合理。这三个指标分别衡量模拟值与实测值之间的相对误差、相关性以及模型模拟的有效性,其相对误差趋于 0 时最优,而相关系数和纳什系数趋于 1 时最优。相对误差计算公式如下:

$$\mathrm{Re}=\frac{Q_\mathrm{p}-Q_0}{Q_0}\times100\% \tag{8.32}$$

式中,Q_p 为模拟径流量;Q_0 为实测径流量。如果相对误差为正值,则表示模型模拟径流量偏大;如果为负值,则表示模型模拟径流量偏小;如果等于 0,则恰好相等。

　　相关系数 R^2 在 Excel 中应用线性回归法求得,R^2 也可以进一步用于评价实测值与模拟值之间的数据吻合程度,当 $R^2=1$ 时,表示非常吻合,当 $R^2<1$ 时,其

值越小数据吻合程度越低。

纳什系数 NS 的计算公式为

$$NS = 1 - \frac{\sum\limits_{i=1}^{n} (Q_0 - Q_p)^2}{\sum\limits_{i=1}^{n} (Q_0 - \overline{Q})^2} \tag{8.33}$$

式中，$\overline{Q}$ 为实测径流量平均值；Q_0 为实测径流量；Q_p 为模拟径流量；n 为实测数据个数。如果纳什系数为负值，说明模型模拟得到的径流量平均值比实测的径流量平均值可信度更低。

2. 模型适用性评价

由于模型在运行初期，许多变量，如土壤含水量的初始值为 0，这对模型模拟结果影响很大，因此，本书设定缓冲期为两年，将其作为模型运行的预热阶段，以合理估计模型初始变量。

根据基准期和变化期的划分，利用基准期 1960～1979 年资料对模型进行参数率定，其中 1960～1961 年实测资料作为缓冲期，1962～1970 年实测资料用于模型参数率定，1971～1979 年实测资料用于模型验证及适用性评价。滦河上中游主要为山区地形，相对下游平原区海拔较高，综合考虑位于中游的水文站流量资料的长度，选择位于中游承德(二)站对滦河流域上中游模型模拟径流进行验证。参数率定期和验证期模拟值和实测值的相对误差 Re、纳什系数 NS 以及相关系数 R^2 见表 8.8。

表 8.8　滦河流域上中游月径流模拟结果评价指标

模拟时期	Re/%	NS	R^2
率定期	10.80	0.87	0.91
验证期	3.27	0.85	0.85

由表 8.8 可知，在率定期滦河流域上中游月径流模拟结果取得了较合理的模拟精度，其中率定期的相对误差 Re 为 10.80%，纳什系数 NS 为 0.87，相关系数 R^2 为 0.91，其月径流模拟值与实测值之间的误差在 ±20% 内，且 NS≥0.5，R^2≥0.6。同时可以看出，对于验证期模拟精度有所降低，其中验证期的相对误差 Re 为 3.27%，纳什系数 NS 为 0.85，相关系数 R^2 为 0.85，各项指标均满足模型校准验证要求，表明 SWAT 模型模拟效果良好。

滦河流域上中游率定期和验证期月径流模拟值和实测值比较分析分别如图 8.14 及图 8.15 所示。结果显示，SWAT 模型在滦河流域应用中具有较好的模拟能力和适应性。图 8.16 为滦河流域上中游率定期和验证期月径流模拟值和实测值散点图。

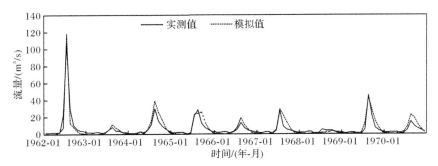

图 8.14　滦河流域上中游率定期月径流模拟值与实测值比较

　　滦河下游主要为平原地区,河道坡度相对较小,选择位于下游出口处的滦县站对滦河流域下游模型模拟径流进行验证。参数率定期和验证期模拟值及实测值的相对误差 Re、纳什系数 NS 以及相关系数 R^2 见表 8.9。

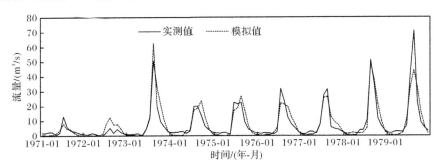

图 8.15　滦河流域上中游验证期月径流模拟值与实测值比较

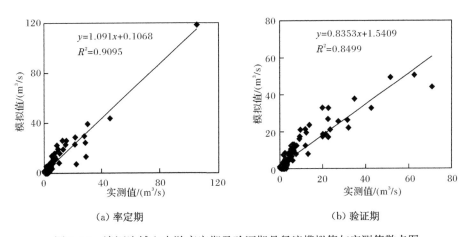

（a）率定期　　　　　　　　　　　　　　（b）验证期

图 8.16　滦河流域上中游率定期及验证期月径流模拟值与实测值散点图

表 8.9　滦河流域下游月径流模拟结果评价指标

模拟时期	Re/%	NS	R^2
率定期	−2.29	0.86	0.86
验证期	2.12	0.84	0.85

由表 8.9 可知,在率定期滦河流域下游月径流模拟取得了较好的模拟精度,率定期水量平衡相对误差 Re 为−2.29%,其纳什系数 NS 和相关系数 R^2 分别为 0.86 和 0.86,说明月径流过程拟合较好;对于验证期模拟精度有所降低,但这与实际情况是一致的,随着人类活动和气候变化的不断加剧,其模型模拟精度必然降低,但在人类影响初期人类活动影响较小,模型模拟精度同样达到了较高水平,一方面说明模型对于环境变化引起的影响较为敏感,另一方面说明对流域水循环具有较强的模拟能力。

率定期和验证期月径流模拟值及实测值比较分析如图 8.17 及图 8.18 所示。结果显示,SWAT 模型在滦河流域应用中具有较好的模拟能力和适应性。图 8.19 为滦河下游率定期和验证期月径流模拟值及实测值的散点图。

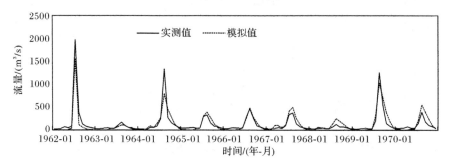

图 8.17　滦河下游率定期月径流模拟值与实测值比较

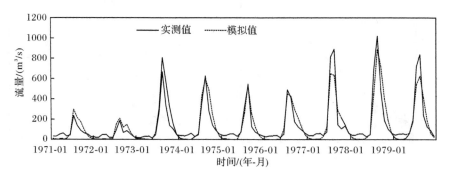

图 8.18　滦河下游验证期月径流模拟值与实测值比较

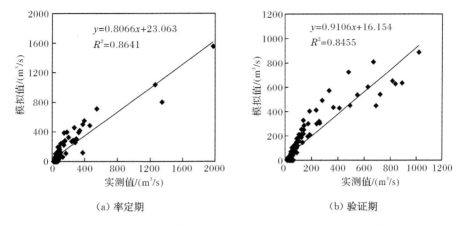

（a）率定期　　　　　　　　　（b）验证期

图 8.19　滦河下游率定期和验证期月径流模拟值与实测值散点图

8.3　气候变化和人类活动对河流生态环境变化的影响

8.3.1　气候变化和人类活动对河流生态环境变化的量化分析

　　为了量化分析气候变化和人类活动对河流生态环境变化的影响,本节首先基于 SWAT 分布式生态水文模型,通过不同情景下模型的模拟计算,得到气候变化和人类活动对研究区径流变化影响的贡献率,并进一步计算包括社会经济用水、水利工程、水土保持、城镇化和地下水开采在内的不同人类活动因子对径流变化影响的贡献率。在此基础上,将其与河流生态健康指标体系相结合,通过对不同情景下模型的模拟计算,进一步量化分析气候变化和人类活动以及包括社会经济用水、水利工程、水土保持、城镇化和地下水开采在内的不同人类活动因子对研究区河流生态健康状况的影响。

　　以实测降水、温度数据输入模型模拟的径流结果用 $\overline{Q^{\prime}}$ 表示,以还原降水、温度数据输入模型模拟的径流结果用 $\overline{Q^{\prime\prime}}$ 表示。RC 表示气候变化和人类活动综合影响下的实测径流变化量,即变化期相对基准期的径流总减少量,包括降水丰枯变化、气候变化和人类活动三部分;PC＋CC 表示降水丰枯变化影响量和气候变化影响量两者之和,PC 为降水丰枯变化影响量,CC 为气候变化影响量,HC 为人类活动影响量。

　　将 1960～2010 年滦河流域的实测降水、温度数据输入模型模拟得到的径流结果和以还原降水、温度数据输入模型模拟的径流结果以及气候变化和人类活动对滦河流域径流变化影响结果见表 8.10。

表 8.10　气候变化和人类活动对滦河流域径流变化影响结果

时期	实测值	$\overline{Q}$	$\overline{Q'}$	RC	PC+CC	PC	CC		HC	
							/(m³/s)	/%	/(m³/s)	/%
基准期	140.66	141.27	141.58	—	—	—	—	—	—	—
20 世纪 80 年代	56.00	104.14	119.59	84.66	36.52	21.07	15.45	24.30	48.14	75.70
20 世纪 90 年代	92.46	143.67	161.09	48.20	−3.01	−20.43	17.42	25.38	51.21	74.62
21 世纪初	16.59	86.73	117.52	124.07	53.93	23.14	30.79	30.51	70.14	69.49
1980~2010 年	55.02	111.51	132.73	85.64	29.15	7.93	21.22	26.73	56.50	73.27

　　由表 8.10 可知,不同时期内的降水丰枯变化影响量较大,计算结果证实了滦河流域内降水丰枯变化对于径流变化的影响较大,不可忽略。1980~2010 年气候变化和人类活动均会导致滦河流域径流减少,影响量分别为 21.22m³/s 和 56.50m³/s,两者对径流变化影响的贡献率分别是 26.73% 和 73.27%。由此可以看出,径流变化的主要驱动力是人类活动。对于变化期各年代气候变化影响量和人类活动影响量变化幅度不大,其人类活动对径流变化影响的贡献率为 69.49%~75.70%,而气候变化对径流变化影响的贡献率为 24.30%~30.51%。

　　不同年代背景下,气候变化和人类活动对径流的影响程度不同。20 世纪 80 年代以来,滦河流域气候变化和人类活动影响量均呈现持续增加的趋势,说明随着社会经济的发展,气候变化和人类活动对径流的影响日益强烈。而 80 年代以来气候变化的贡献率有所增加,人类活动影响的贡献率有所减少,说明该段时期气候变化影响的速度大于人类活动影响的速度。相对基准期而言,80 年代人类活动对径流变化影响的贡献率达到 75.70%,是各年代中影响最大的。这一情况与 80 年代城镇化提高、水利工程的建设、社会经济发展等人类活动对水资源的需求及影响日益增长的趋势相符,同时,80 年代之前流域内兴建的水库、灌区也在这一时期开始响应。径流量的大幅减少,是不同人类活动因子综合作用的结果。

　　根据 8.1.2 节所述的方法,通过不同情景模拟计算,得到不同时期气候变化和人类活动对滦河河流自然生态环境影响结果如图 8.3 和表 8.11 所示。需要指出的是,这里的河流自然生态环境用第 7 章的河流自然生态子系统健康指数表示。其中图 8.3 中灰色线为变化期只有气候变化影响下的滦河生态健康指数线,灰色线与上方虚线之间的部分为气候变化对滦河生态健康的影响,灰色线与黑色线之间的部分即为人类活动对滦河生态健康的影响。由图 8.3 可以看出,气候变化在 1997 年以后对滦河的影响比较显著,而人类活动对滦河生态健康的影响自 1978 年以来一直较大,且呈现增加的趋势。

表 8.11　气候变化和人类活动对滦河河流生态环境影响结果

时期	实际河流自然生态子系统健康指数	变化值	气候变化下河流生态自然生态子系统健康指数	气候变化		人类活动	
				影响值	贡献率/%	影响值	贡献率/%
基准期	0.922	—	—	—	—	—	—
20 世纪80 年代	0.778	−0.144	0.878	−0.044	30.56	−0.100	69.44
20 世纪90 年代	0.750	−0.172	0.898	−0.024	13.95	−0.148	86.05
21 世纪初	0.608	−0.314	0.831	−0.091	28.98	−0.223	71.02

由表 8.11 可知,20 世纪 80 年代与基准期相比,气候变化和人类活动对滦河河流生态健康影响的贡献率分别为 30.56％和 69.44％。分析其原因主要是因为 1980～1984 年滦河为枯水期,天然来水量的减少导致河流生态健康呈恶化趋势;另外,人类活动也对河流生态健康产生了很大的负面作用。1990～1996 年为滦河的丰水期,因此 20 世纪 90 年代滦河来水量较 20 世纪 80 年代更接近基准期,河流因径流量的增多有好转趋势,但因人类活动在该时期较剧烈,因此气候变化对滦河河流生态健康影响的贡献率仅为 13.95％,而人类活动对滦河河流生态健康影响的贡献率高达 86.05％。21 世纪初相对于基准期,气候变化和人类活动对滦河河流生态健康影响的贡献率分别为 28.98％和 71.02％。气候变化贡献率较 20 世纪 90 年代又有所提高,主要是因为滦河从丰水期又进入枯水期,河道径流量减少,加上社会经济的迅速发展,排污量增加,河道取水量增加,因此气候变化和人类活动在这一时期对滦河生态健康均呈现负面作用。

8.3.2　不同人类活动因子对河流生态环境变化的量化分析

人类活动与河流生态环境变化息息相关,随着人类活动干扰和影响自然的能力不断增强,人类活动已逐渐成为影响河流生态环境变化,尤其是径流形成与变化的重要因素,并受到广泛关注。人类活动对河流生态环境的影响是多种多样的:水土保持工程措施(植树造林、退耕还林、坡地改梯田等),不仅增加了植被对雨水的拦截作用,增强了流域蒸散发,而且可以在一定程度上改善土质,增强降水的入渗能力,对降水径流起到一定的调节作用;随着城镇化进程的加快,流域不透水面积不断增加,从而减少了雨水的下渗,加快了雨水沿地表的汇集,使地表径流增加,城镇化带来排污量的增加使河流受到污染,导致河流的水生生物多样性减少;水利工程的兴建,在一般情况下可以拦蓄雨水,减少径流,不仅使得下泄流量减少,而且水库自身的调节作用使得洪水过程变得平缓,削减洪峰,改变了径流的年内分配,还阻碍了泥沙和水生生物的连续性;随着水资源的开发利用,人口的增长及城镇化的加快,经济社会发展引起的取用水量增加对河流径流量的减少也不容忽视,工农业用水、生活用水、生态用水的不断增加,流域内与跨流域引水以及各类用水量都带有许多不确定性,它们随时随地改变河道的观测径流量,进而改变水体自身的环境容量和自我恢复能力;地下水对河流的补给作用,对于维护流域生态系统的活性有重要意义,由于多年集中超量开采地下水,使地下水位逐年下降,导致依赖地下水补给的河流断流,在雨季时河流水体反而补给地下水,从而缩短了河流丰水期的时间,加速了河流的断流[126],也加速了河流的退化。

利用 SWAT 模型,通过对不同情景模型模拟,计算社会经济用水、水利工程、水土保持、城镇化和地下水开采等人类活动因子对滦河流域径流变化的贡献率。表 8.12 给出了不同人类活动因子对滦河流域径流变化的影响结果。

表 8.12　不同人类活动因子对滦河流域径流变化的影响结果

人类活动因子	20 世纪 80 年代		20 世纪 90 年代		21 世纪初	
	径流减少量 /(m³/s)	贡献率/%	径流减少量 /(m³/s)	贡献率/%	径流减少量 /(m³/s)	贡献率/%
社会经济用水	32.56	67.62	37.87	73.95	34.09	48.60
水利工程	7.41	15.39	6.97	13.61	8.26	11.78
水土保持	7.04	14.62	10.65	20.80	19.00	27.09
城镇化	−0.06	−0.12	−0.30	−0.59	−0.82	−1.17
地下水开采	1.59	3.30	0.73	1.30	2.60	3.71
其他	−0.39	−0.81	−4.71	−9.20	7.01	9.99
合计	48.15	100.00	51.21	100.00	70.14	100.00

从表 8.12 可以看出,人类活动因子中社会经济用水、水利工程、水土保持和地下水开采均使滦河流域径流减少,城镇化使径流增加。其中,社会经济用水对滦河流域径流减少的贡献率最大,且呈现先增加后减少的趋势。究其原因主要是因为地表水资源量减少,造成水库蓄水不足,下游河道断流,地表水供水量也呈现减少的趋势。而 20 世纪 90 年代较 80 年代社会经济用水对流域径流减少的贡献率增加明显,主要是因为 90 年代引滦工程引水量明显增加。水利工程对径流减少的贡献率为 11.78%～15.39%,对径流影响相对稳定。由于受蒸发渗漏损失的影响,随着流域水利工程的修建与运用,水利工程对滦河流域径流减少的贡献率减少。由于水土保持具有累积效应,滦河流域水土保持蓄水量呈现增加的趋势。城镇化使滦河流域径流增加,对流域径流增加的贡献率由 20 世纪 80 年代的0.12%增加到 21 世纪初的 1.17%,可见城镇化对滦河流域径流影响较小。同时,地下水开采也不可避免地对滦河径流的减少做出了贡献,但贡献率较社会经济用水、水利工程和水土保持小。此外,包括采矿等其他人类活动因子也对流域径流减少做出了一定贡献。

随着社会经济发展,一旦水资源紧张,便会产生城市和工业用水挤占农业用水,农业用水挤占生态用水,靠牺牲环境谋求一时经济发展的现象,从而导致生态环境的大范围急剧恶化。因此,在区分出气候变化、人类活动对研究区径流变化影响的贡献率以及包括社会经济用水、水利工程、水土保持、城镇化及地下水开采在内的不同人类活动因子对径流变化影响的贡献率之后,根据 8.1.2 节所述,通过不同情景模拟计算,得到不同时期人类活动各因子对滦河生态环境影响结果见表 8.13。

从表 8.13 可以看出,20 世纪 80 年代不同人类活动因子对滦河河流生态健康的贡献率由大到小依次是社会经济用水、水利工程、城镇化、水土保持、地下水开采和其他因子。其中社会经济用水对该时期滦河河流生态健康的贡献率占人类活动因子的贡献率高达 48.02%,主要是因为自 1983 年以来,引滦工程的建成和使用使河道取水显著增加;其次,水利工程因子贡献率为 21.00%,主要是因为1979 年潘家口水库的建成蓄水破坏了河道原有的水文、泥沙、生物的连续性,使河道生态健康状况变差;最后,城镇化因子贡献率为 19.00%,主要是因为相对于天然水质时期,80 年代初已有废污水量排放,约为 3 亿 t/a。另外,水土保持、地下水开采和其他因子贡献率均较小,对该时期河流生态健康影响不大。

表 8.13 不同人类活动因子对滦河生态环境影响结果

人类活动因子	20 世纪 80 年代		20 世纪 90 年代		21 世纪初	
	影响值	贡献率/%	影响值	贡献率/%	影响值	贡献率/%
社会经济用水	−0.048	48.00	−0.069	46.94	−0.085	37.95
水利工程	−0.021	21.00	−0.020	13.61	−0.045	20.09
水土保持	−0.009	9.00	−0.017	11.56	−0.033	14.73
城镇化	−0.019	19.00	−0.049	33.33	−0.048	21.43
地下水开采	−0.003	3.00	−0.001	0.68	−0.006	2.68
其他	−0.001	1.00	0.009	−6.12	−0.007	3.12
合计	−0.101	100.00	−0.147	100.00	−0.224	100.00

20 世纪 90 年代不同人类活动因子对滦河河流生态健康的贡献率由大到小依次是社会经济用水、城镇化、水利工程、水土保持、其他因子和地下水开采。其中社会经济用水因为引滦工程的引水增加,对该时期滦河河流生态健康的贡献率仍最大,为 46.94%;其次,城镇化因子贡献率为 33.33%,主要是因为废污水排放量由 80 年代初的 3 亿 t/a 增加到 90 年代的 5 亿 t/a;再次,水利工程因子贡献率为13.61%,与 80 年代相比略有下降,主要是因为 1990~1996 年为丰水年,河道水量丰富,水库对河流的连续性影响减弱。另外,水土保持较上一时期略有增加,主要是因为水土保持具有累积性,保水性增加,削弱了河道的水量。此外,地下水开采

和其他因子贡献率均较小,对该时期河流生态健康影响不大。

　　21世纪初人类活动因子对滦河河流生态健康的贡献率由大到小依次是社会经济用水、城镇化、水利工程、水土保持、其他因子和地下水开采。其中社会经济用水因为引滦工程的引水量略有减少,因此贡献率略有下降,但仍旧最高,为37.95%;其次,因排污量略有减少,城镇化贡献率减少,为21.43%;再次,因为该时期滦河由丰水期进入枯水期,所以水利工程因子的贡献率增加,为20.09%;另外,水土保持也较上一时期略有增加,增加为14.73%,主要是因为水土保持具有累积性,保水性增加,削弱了河道的水量。此外,地下水开采贡献率也略有增加,为2.68%,但对该时期河流生态健康影响不大。

8.4　气候变化和人类活动对流域生态环境变化的影响

　　20世纪80年代以来,滦河流域生态环境整体上处于持续恶化的趋势,生态系统健康状况的演变是自然因子和人类活动共同作用的结果,因此本节从生态健康评价指标体系中选择自然因子和人类活动作为驱动力因子,分析其对流域生态环境变化的影响。

8.4.1　流域景观生态健康演变驱动力因子识别

1. 流域景观生态健康演变分析

　　根据流域三个时期的土地利用图,对流域下垫面的土地利用类型转换进行统计分析,从宏观的角度识别流域生态结构、景观格局的变化。土地利用类型转换分析采用的是 FRAGSTATS 景观格局分析软件,滦河流域三个时期的土地利用类型转换见表8.14。

表8.14　滦河流域土地利用类型转换结果

时期	1(耕地)		2(林地)		3(草地)	
	面积/hm²	百分比/%	面积/hm²	百分比/%	面积/hm²	百分比/%
20世纪80年代	100.03	22.70	175.85	39.90	138.91	31.52
20世纪90年代	94.52	21.47	212.89	48.35	115.41	26.21
21世纪初	101.40	23.02	213.08	48.37	106.80	24.24
时期	4(水域)		5(建筑用地)		6(未利用土地)	
	面积/hm²	百分比/%	面积/hm²	百分比/%	面积/hm²	百分比/%
20世纪80年代	7.24	1.64	5.27	1.20	13.42	3.04
20世纪90年代	5.11	1.16	5.43	1.23	6.98	1.58
21世纪初	5.17	1.17	7.10	1.61	6.98	1.58

由表 8.14 可知,20 世纪 80～90 年代,滦河流域的耕地面积有一定程度的减少,到 21 世纪初滦河流域的耕地面积又恢复到约 100hm²；滦河流域林地覆盖增大较多,特别是 20 世纪 80～90 年代,由于滦河流域大力开展水土保持措施,林地增大的比例接近 10%；滦河流域草地的面积有大幅度减少的现象；水域面积处于减少状态,可见人类对水资源的开发利用也处于较剧烈的状态；从建筑面积变化的数据可知,滦河流域的城镇化处于增长趋势。

基于对流域景观状态的分析,提取状态子系统对滦河流域的景观状态进行健康评价,滦河流域三个时期评价指标值见表 8.15。

表 8.15 滦河流域状态子系统三个时期评价指标值

评价指标	20 世纪 80 年代	20 世纪 90 年代	21 世纪初
生物第一潜在生产力	776.21	859.18	716.29
多样性	1.29	1.20	1.22
均匀度	0.72	0.67	0.68
蔓延度	66.20	63.89	65.44
混布与并列指数	35.05	41.80	42.50
综合弹性指数	0.71	0.74	0.74
生态系统服务价值	4.66	5.11	5.08

在指标值确定之后,通过模糊综合评价得到流域景观生态健康状况,滦河流域三个时期的景观生态健康状况见表 8.16。

表 8.16 滦河流域景观生态健康状况

时期	隶属度					健康状态	健康综合值
	病态	不健康	亚健康	健康	很健康		
20 世纪 80 年代	0.09750	0.13112	0.22684	0.35767	0.18685	健康	3.07104
20 世纪 90 年代	0.09354	0.16693	0.21444	0.32915	0.19603	健康	2.97582
21 世纪初	0.03031	0.18120	0.39002	0.28552	0.11294	亚健康	2.88172

由表 8.16 可知,滦河流域景观生态健康状况在 20 世纪 80 年代和 90 年代为健康,对健康的隶属度分别为 0.35767 和 0.32915,到 21 世纪初处于亚健康状态,对亚健康的隶属度达到 0.39002,因此滦河流域景观生态健康状况呈下降趋势。

2. 驱动力因子识别

1) 驱动力因子识别方法

目前常用的生态健康演变驱动力分析方法主要有主成分分析法和典型相关

分析法两种。主成分分析法的主要思想是通过原始变量的线性组合,把多个原始变量通过降维处理归纳为少数的几个综合变量,并以这少数几个综合变量来反映原始变量的大部分信息。而典型相关分析法是通过计算两组变量的相关系数来反映两组指标间的整体相关性,其基本原理是:从整体把握两组变量的相关关系,并从两组变量中分别提取具有代表性的典型变量,使得典型变量组合之间的相关性最大。典型相关分析法把原来较多变量转化为少数几个典型变量,通过这些较少的典型变量之间的典型相关系数来综合描述两组多元随机变量之间的相关关系。

相比较而言,主成分分析法只能分析一组变量的相关关系,并且当变量间的相关关系较小时,主成分分析是没有意义的。而典型相关分析法有利于综合描述两组变量间的典型相关关系,且常作为景观生态演变驱动力分析的有力工具,部分学者也用于生态环境演变的驱动力分析,因此,选用典型相关分析法来分析流域生态健康演变的驱动力因子。

在典型相关分析中,标准变量组 Y 代表各种生态健康状态指标变化,用 20 世纪 80 年代和 21 世纪初两个时期的状态指标差值表示;自变量组 X 代表自然因子和人类活动因子,同样用两时期差值计算。具体变量见表 8.17。

表 8.17 典型相关分析中选用的标准变量和自变量

标准变量 Y		自变量 X	
Y1	生物第一潜在生产力	X1	降水量/mm
Y2	多样性	X2	气温/℃
Y3	均匀度	X3	化肥施用强度/(kg/亩)
Y4	混布与并列指数	X4	土地垦殖指数/%
Y5	蔓延度	X5	人口密度/(人/km²)
Y6	综合弹性指数	X6	城镇化率/%
Y7	生态系统服务价值	X7	林地覆盖率/%
		X8	土壤侵蚀指数/%
		X9	人均国内生产总值/万元
		X10	水资源开发利用率/%

注:各变量均以子流域为单元进行统计计算,滦河子流域共 73 个,满足样本长度要求。

2) 驱动力因子识别结果

典型相关系数可以衡量两组变量间联系的密切程度,相关系数越高,则相应的变量间关系越密切,表示所得的自变量能够充分解释相应标准变量的分布。运用统计分析软件 SPSS 进行统计分析可知,前三个典型变量对结果分析有效。从典型相关分析中分离出的流域生态系统健康状态变化与驱动力因子的典型相关分析结果如图 8.20 所示。

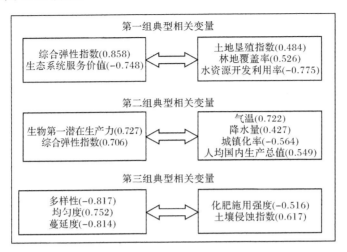

图 8.20　滦河流域典型相关分析结果

由图 8.20 可以看出,第一组典型变量将生态系统服务价值(−0.748)和综合弹性指数(0.858)的变化从其他类型中分离出来,自变量组中相应的解释变量主要有水资源开发利用率(−0.775)、林地覆盖率(0.526)和土地垦殖指数(0.484)。生态系统的综合弹性指数与林地覆盖率和土地垦殖指数成正相关,生态系统服务价值与水资源开发利用率成正相关。影响滦河流域生态系统健康状况的主要因子是水资源开发利用率、土地垦殖指数和林地覆盖率,说明过度地开发利用流域水资源会严重影响流域的生态系统健康状态,陡坡垦殖以及林地退化也造成了生态环境的退化。其次,气温、降水量作为自然因子的代表,是流域生态系统的生物第一潜在生产力、综合弹性指数及景观格局的主要影响因素,而化肥的过度使用对流域生态系统健康造成了威胁。

综上所述,影响滦河流域景观生态健康状态的主要人类活动因子为城镇化的发展、流域水资源开发利用以及水土保持实施状况(主要表现为流域耕地面积、林地面积的变化),此外,降水、气温等气候变化因子也在一定程度上影响了流域景观状态系统的健康发展。

8.4.2　流域景观生态健康演变驱动力因子贡献率计算

1. 气候变化和人类活动对流域景观生态健康演变的量化分析

为分析气候变化和人类活动对流域景观生态健康演变的贡献大小,首先需识别与两大要素相对应的景观状态评价指标,生物第一潜在生产力与流域降水、气温有关,可作为气候变化的相应指标,人类活动的影响势必造成流域面上土地利用类型的转变,因此由土地利用的分析得到的景观指数以及综合弹性指数、生态系统服务价值可作为人类活动的响应指标。在人类活动影响指标保持不变的情况下,通过改变活力值,可分离出气候变化对流域景观生态健康演变的影响大小。

根据不同驱动力因子对流域景观生态健康的影响值来区分气候变化和人类活动对滦河流域生态健康演变的贡献率,分离结果见表 8.18。

表 8.18　气候变化和人类活动对滦河流域景观生态影响结果

时期	流域景观生态健康		气候变化		人类活动	
	改变值	演变性质	影响值	贡献率/%	影响值	贡献率/%
1985~1995 年	−0.09522	—	0.04888	−51.33	−0.14410	151.33
1995~2005 年	−0.09410	—	−0.03906	41.51	−0.05504	58.49
1985~2005 年	−0.18932	—	−0.03839	20.28	−0.15093	79.72

由表 8.18 贡献率计算结果可知,20 世纪 80 年代以来,滦河流域的景观生态状况呈现持续恶化的趋势,气候变化对流域景观生态健康影响的贡献率为20.28%,人类活动为 79.72%。分析不同时期的变化情况,1985~1995 年,流域年平均降水量增加,系统活力增强,气候变化对流域景观生态健康状况的演变起到促进作用,贡献率为−51.33%,约为人类活动影响力的 1/3;而 1995~2005 年,降水量减少使得系统活力减弱,是造成景观生态健康状况恶化的主要影响因素,气候变化对流域景观生态健康影响的贡献率达到 41.51%,与人类活动的影响力相当。

2. 不同人类活动对流域景观生态健康演变的量化分析

同时,为了区分人类活动中三类驱动力因子,即水资源开发利用、水土保持、城镇化的贡献大小,对土地利用类型进行分类,通过特定的地类在三个时期的变化来指示响应驱动力因子的影响,建筑用地作为城镇化的指示地类,耕地、林地、草地以及未利用土地用于水土保持分析,水域面积的变化作为流域水资源开发利用的影响范围。运用 ArcGIS 软件,对三个时期的土地利用图进行叠置转换,在作为基准年代的土地利用图上只改变某个驱动力因子相关的土地利用类型的分布,可得到相应的指标数据,从而分离出该驱动力因子的影响大小。

从人类活动的影响中,分离出水资源开发利用、水土保持、城镇化对流域景观生态健康演变的贡献率,结果见表 8.19。

表 8.19　不同人类活动因子对滦河流域景观生态影响结果

人类活动因子	1985~1995 年		1995~2005 年		1985~2005 年	
	影响值	贡献率/%	影响值	贡献率/%	影响值	贡献率/%
水资源开发利用	−0.14227	98.73	−0.06041	109.76	−0.14466	95.85

续表

人类活动因子	1985~1995 年		1995~2005 年		1985~2005 年	
	影响值	贡献率/%	影响值	贡献率/%	影响值	贡献率/%
水土保持	0.08411	−58.37	0.09121	−165.72	0.11709	−77.58
城镇化	−0.07826	54.31	−0.08226	149.46	−0.11679	77.38
其他	−0.00768	5.33	−0.00358	6.50	−0.00657	4.35
合计	−0.14410	100.00	−0.05504	100.00	−0.15093	100.00

　　分析以上计算结果可知,1985~1995 年滦河流域水资源开发利用、水土保持和城镇化的贡献率分别为 98.73%、−58.37% 以及 54.31%,尽管水土保持对流域生态健康状态起积极作用,但城镇化的发展,特别是人类对水资源的开发利用,对流域生态环境的影响尤其严重。1995~2005 年,水资源开发利用、水土保持和城镇化的贡献率分别为 109.76%、−165.72% 以及 149.46%,与 1985~1995 年相比,流域城镇化进程加快,对流域的负面作用增强,然而由于大力实施水土保持措施,流域水土流失有了较大改善,水土保持的作用明显增强。纵观 20 世纪 80 年代~21 世纪初,水资源开发利用、水土保持和城镇化的贡献率分别为 95.85%、−77.58% 以及 77.38%,水土保持的正面作用仅能抵消城镇化的负面作用,而水资源开发利用的负面作用接近 100%,可见人类对水资源的开发利用导致流域水域面积急剧减小,严重影响流域生态健康状态,虽然水土保持措施的大力实施一定程度上改善了流域的生态格局,但流域生态健康仍处于下降状态。

8.5　小　　结

　　本章首先对滦河流域生态环境驱动力因子进行识别,在明确量化分析方法之后,构建 SWAT 分布式生态水文模型,表明该模型在滦河流域有较好的适用性。基于 SWAT 模型对滦河流域不同情景模型的模拟计算,定量分析了气候变化和人类活动对滦河河流生态环境变化的贡献率,并进一步计算了包括社会经济用水、水利工程、水土保持、城镇化和地下水开采等不同人类活动因子对滦河河流生态环境变化的贡献率;在分析流域景观生态健康演变的基础上,通过典型相关分析识别出流域景观生态演变的主要人类活动因子为水资源开发利用、城镇化以及水土保持,定量计算出各驱动力因子对流域景观生态健康演变的贡献率。

第9章 生态健康预警及预控建议

一个结构稳定、功能健全的生态系统为人类社会的可持续发展提供了可靠的物质基础。然而，人们对流域生态环境的破坏及对流域资源的过度开发和利用，已严重影响流域生态系统的健康。控制生态环境恶化的有效办法是防患于未然，在其发生退化质变之前，能及早提出预告、报警，及时采取措施，加以有效抑制、减缓、控制、整治，则有可能转变演化方向，使生态系统步入良性循环。因此，开展生态系统健康的诊断预警就成为了解、掌握应对流域资源、环境和生态系统危机的当务之急，对提高风险意识和能力，促进可持续发展，改善人类生存环境具有重大意义。

9.1 河流生态健康预警

9.1.1 河流生态健康预警模型

1. 河流生态预警基本理论

研究区河流生态健康预警就是在已经全面准确把握研究区河流生态系统演变过程和变化驱动力规律的基础上，对研究区河流的未来进行测度，预报不正常的时空范围和危害程度以及提出防范措施。河流生态健康预警包括河流自然生态系统和社会经济发展等诸多组成部分的明确警情、寻找警源、识别警兆、预报警度和排除警患的决策全过程。预警过程如图9.1所示，主要包括以下几个方面。

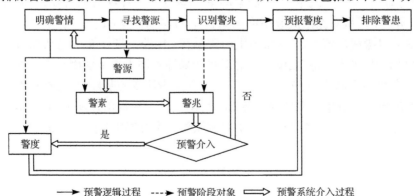

图 9.1 河流生态健康预警过程

（1）明确警情。

明确警情是河流生态健康预警的起点。警情可以从两方面来考查：其一是警素；其二是警度。警素是指构成警情的指标，在河流生态健康预警过程中，可以表现在某个考核指标上，也可以表现在某个子系统出现警情；警度是警情处于什么状态，即其严重程度，一般可以划分为无警警度、轻警警度、中警精度、重警警度和剧警警度，用不同颜色的指示灯表示。

（2）寻找警源。

警源就是发生警情的根源，在河流生态健康预警过程中就是河流生态健康发生病变的"病因"。寻找警源既是分析警兆的基础，也是排除警患的前提。由于系统之间存在替代、共生、此消彼长等复杂的关系，警源往往又比较复杂。不同警素的警源指标各不相同，即使同一警素，在不同的时空范围内，警源指标也可能不同。因此，必须考虑系统间存在的种种联系，针对具体的警素，寻根究底，直至找到问题的症结所在。

（3）识别警兆。

警兆是警素发生变化后引发警情变化的前兆。一般情况下，警素不同，警兆也就不同；警素相同，但时空条件不同也可能表现出不同的警兆。警兆与警素之间可以直接关联，也可以间接关联。河流生态系统面临的不确定性因素很多，其警兆是在一特定区域内由不确定性因素引发的可能发生的安全问题以及后果。由于警情的累积性，对复杂的系统活动产生的后果要在一段时间后才能显现，因此警兆具有一定的滞后性。当警兆表现出来时，警情的发展已经很深了，其发生危险的风险已经很大了。

气候变化引发的河流生态健康警兆主要表现在，气候状况发生变化的不确定性导致各种健康突变，如全球变暖，天然来水减少，导致河道径流量减少和流域干旱缺水。人类活动影响因子包括社会经济用水、水利工程、水土保持、城镇化、地下水开采等，如社会经济用水的增加必然会使河道水量减少，河道的适宜生态流量可能无法保证，从而使河流生态健康状况变差。

（4）预报警度。

警源和警兆确定后，接下来要分析警兆和警素之间的数量关系，找出与五种警度相对应的警兆范围，然后依次进行警度判断。预报警度是指使用与一个或多个警素相关的警兆来预报警情的严重程度，这是预警的直接目的。河流生态健康预警可以根据事先设定好的预警标准确定警度。本研究河流生态健康评语等级、警度以及预警信号之间的映射对照关系如图9.2所示。

（5）排除警患。

排除警患就是根据警度预报的结果采取一系列调控措施对河流生态系统进行正向干扰，从而达到修复河流生态系统排除警患的目的。

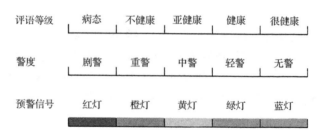

图 9.2　河流生态健康评语等级、警度以及预警信号之间的映射对照关系

2. 基于人工免疫的 BP 神经网络模型构建

免疫系统是生物尤其是脊椎动物和人类必备的自身防御体系。生物免疫系统是一个高度进化的智能系统。人的免疫系统最高级也最复杂,由免疫效应分子和与其相关的基因以及一些特殊的具有免疫功能的细胞、组织和器官等组成,可以保护机体免受有害异物的侵害。免疫系统是个复杂的自适应系统,可以保护机体不受外界侵害,并把体内的免疫组织分类,一类是属于自己的自体细胞,另一种是属于外来的非自体细胞。该系统不依靠任何中心的控制,可以分布式地处理危机,具有局部发挥功能的智能。免疫系统主要的功能有免疫防御、免疫稳定和免疫监督。人工免疫系统是基于生物免疫系统的理论思想发展研究出来的人工模拟系统,用于解决实际工程问题。

人工神经网络是指在对人脑神经网络基本认识的基础上,用数理统计方法从信息处理的角度对人脑神经网络进行抽象,并建立某种简化模型。神经元是其基本处理单元。BP 神经网络模型分为三层,即输入层、隐层和输出层(图 9.3)。各层顺序相连。输入层各神经元负责接收来自外界的输入信息,并传递给中间各隐层神经元;隐层是神经网络的内部信息处理层,负责信息变换,根据信息变换能力的需要,隐层可设计为一层或多层;最后一个隐层传递到输出层的各神经元的信息经过进一步处理后即完成一次信息处理。若输出层的实际输出与期望输出不符,则转入误差的反向传播阶段。误差反传是将输出误差以某种形式通过隐层向输入层逐层反传,并将误差分摊给各层的所有单元,从而获得各层的误差信号,此误差信号即作为修正各单元权值的依据。这种信号正向传播与误差反向传播的各层权值调整过程是周而复始地进行的。权值不断调整的过程,也就是网络的学习过程。此过程一直进行到网络输出的误差减少至可接受的程度,或进行到预先设定的学习次数为止。

在三层 BP 神经网络中,输入层输入向量为 $X=(x_1,x_2,\cdots,x_i,\cdots,x_n)^T$,$i=1,2,\cdots,n$,其中,$x_i$ 为输入向量的第 i 个元素;输出层输出向量为 $C=(c_1,c_2,\cdots,c_t,\cdots,c_q)^T$,$t=1,2,\cdots,q$,其中,$c_t$ 为输出层输出向量的第 t 个元素;期望输出向量为 $Y=$

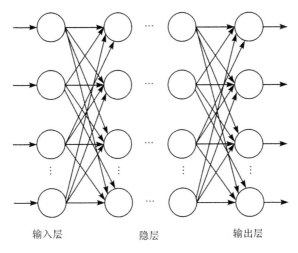

输入层　　　　　　　隐层　　　　　　　输出层

图 9.3　BP 神经网络算法计算原理示意图

$(y_1,y_2,\cdots,y_k,\cdots,y_q)^T,k=1,2,\cdots,q$,其中,$y_k$ 为期望输出向量的第 k 个元素;隐层的阈值向量为 $\theta=(\theta_1,\theta_2,\cdots,\theta_j,\cdots,\theta_m)^T,j=1,2,\cdots,m$,其中,$\theta_j$ 为隐层各神经元的阈值;输出层的阈值向量为 $\gamma=(\gamma_1,\gamma_2,\cdots,\gamma_t,\cdots,\gamma_q)^T,t=1,2,\cdots,q$,其中,$\gamma_t$ 为输出层各神经元的阈值;输入层到隐层间的权值矩阵用 V 表示,$V=(V_1,V_2,\cdots,V_j,\cdots,V_m)^T,j=1,2,\cdots,m$,其中,列向量 V_j 为隐层第 j 个神经元对应的权向量;隐层到输出层间的权值矩阵用 W 表示,$W=(W_1,W_2,\cdots,W_k,\cdots,W_q)^T,t=1,2,\cdots,q$,其中,列向量 W_k 为输出层第 k 个神经元对应的权向量。当网络输出与期望输出不等时,存在输出误差 E:

$$E=\frac{1}{2}(d-O)^2 \tag{9.1}$$

基于人工免疫神经网络的模型设计就是要先进行训练,在训练中调整阈值与权值,使得误差最小。符合误差精度要求后,再进行预测。

9.1.2　河流生态健康预警结果与预控建议

基于滦河河流生态环境变化驱动力研究的分析结果,综合考虑《海河流域综合规划(2012—2030 年)》中提出的规划目标,对滦河河流生态健康指标进行预测。预测得到各水平年指标值见表 9.1。

表 9.1　滦河各指标预测值

指标	年份	
	2020	2030
横向稳定性指数 C_1	0.27	0.20

续表

指标	年份	
	2020	2030
纵向连续性指数 C_2	1.31	0.87
适宜生态流量保证率 C_3	0.59	0.66
河口径流指标 C_4	1.60	0.74
水质达标率 C_5	0.80	0.90
浮游植物生物多样性指数 C_6	0.84	0.81
河岸带多样性指数 C_7	0.73	0.71
河岸带蔓延度 C_8	0.54	0.49
河岸带均匀度 C_9	0.80	0.85
水土流失率 C_{10}	0.40	0.30
湿地保存率 C_{11}	0.56	0.57
防洪工程完善率 C_{12}	1.00	1.00
河流供水保证率 C_{13}	0.60	0.67

在预测完各指标后得到滦河河流生态健康综合指数预测值以及预警警情见表9.2。

表9.2　滦河河流生态健康综合指数预警结果

年份	I_N	I_S	I	健康等级	警情
2020	0.783	0.699	0.758	健康	轻警
2030	0.804	0.770	0.794	健康	轻警

I_N 表示河流自然生态子系统健康指数;I_S 表示河流社会服务子系统健康指数;I 表示河流生态健康综合指数。

由以上预警结果可知,未来研究区河流生态系统健康状况预期较为乐观,滦河2020年与2030年均为轻警健康状态。需要注意的是,滦河河流社会服务子系统在2020年仍处于不健康水平状态,原因是滦河水保证着天津、唐山等几个大中城市的生活用水,而唐山、天津等地的经济发展水平较快,人口增长速度也很快,对水资源的需求量很大,而滦河供水能力有限,水资源供需矛盾注定2020年滦河河流社会服务功能健康状态存在一定的问题。

结合驱动力分析结果,要使滦河健康指标达到预测值,即河流生态健康达到表9.2的健康状态,需做好如下工作:

(1)在社会经济用水方面,要全面节水,建设节水型社会,量水而行。

在经济规模、城镇布局和人口发展等各项社会发展规划中,要充分考虑当地水资源条件,适时调整经济布局和产业结构。关闭或促进高耗水企业转型。实行总量控制、定额管理,促进水资源的节约和保护。在水资源配置时,特别考虑经济发展与资源环境的相互协调。

(2) 在城镇化排污方面,控制污染,达标排放,总量控制。

一是滦河流域要严格贯彻执行《水法》、《水污染防治法》、《环境保护法》等法律法规。要对污水的排污标准进行严格控制,尤其要加强对工业污水排放的监督和管理,对违法排放的工业企业要从重处罚。对集中排污口的各类污染源,加强跟踪监测,发现问题及时解决。加强对地表水和地下水的水质监测及水源的保护工作。以流域为单元,以河流为主线,以城镇为节点,建立流域水资源保护监督管理体系,强化流域管理的监督职能和协调能力,加强各相关部门之间的交流与合作。二是从源头控制污染,实行总量控制。摆脱先污染后治理的发展模式,从控制污染物的排放量来遏止污染的进一步扩大。对企业要采取有力措施,改善经营管理,积极引进先进的生产工艺,提高物料利用率,减少污染物的排放。通过修订产业政策,调整产业结构,用行政、经济手段推行节约用水和清洁生产。三是降低单位面积农药施用量,以降低流域非点源污染程度。另外,在近期,流域仍应新建一些污水处理厂,做好相关配套管网工作,加强河流排污的治理能力。

(3) 在水利工程方面,优化水源调度工程,增加生态流量。

优化水源调度工程,增加生态流量,为滦河河流生态系统提供水量保障。通过南水北调对天津和北京供水,做好潘家口、大黑汀等水库的调度,合理对中下游河道进行补水,满足生态流量要求。

(4) 在地下水开采方面,完善压采细则,做好地下水修复工作。

尽快完善地下水压采实施细则。在海河流域水资源综合规划和南水北调中、东线受水区地下水压采方案的基础上,根据水源条件和节水情况,制定近期(如2020 年前后)地下水压采实施细则,提出规划开采量、地下水位目标及有关监督保障措施,指导今后一段时期地下水的管理工作。

9.2　流域生态健康预警

9.2.1　流域生态健康预警框架建立

流域生态健康预警就是在全面把握流域复合生态系统的运动状态和演化规律的基础上,对生态系统现在和未来的健康状况进行诊断和预报并提出修复或防范措施。通过预警分析对流域生态系统的逆化演替、退化、恶化等现象进行识别、分析和诊断,判断其严重程度,确定生态系统演变驱动力因子的影响作用,并提出生态修复措施。流域生态健康预警流程如图9.4所示。

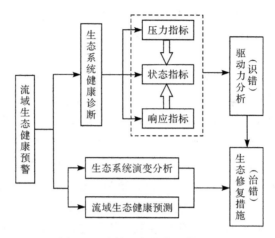

图 9.4　流域生态健康预警流程

由图 9.4 可知,在整个预警活动中,预警分析活动行使的主要职能是识错和治错。根据 8.4.1 节流域景观生态演变驱动力因子分析的结果可知,人类活动中的主要影响因子为水资源开发利用、城镇化的建设以及水土保持措施的开展。在识别流域生态演变驱动力因子的基础上,对流域未来生态状态进行预测并提出相应的生态建设措施。

9.2.2　流域生态健康预警结果与预控建议

基于当前流域社会经济发展趋势,综合考虑规划目标,对 1980 年以来流域健康评价体系指标变化趋势进行分析,得出 2025 年各项社会经济指标以及自然因子的预测值,在分析 20 世纪 80 年代、90 年代和 21 世纪初滦河流域土地利用图的基础上,利用 IDRISI 软件基于 CA-Markov 模型[123],对滦河流域三期的土地利用图进行叠置分析,得出三个时期之间土地利用类型的转化规律,基于流域适宜性图集预测 2025 年滦河流域的土地利用情况。从而得到 2025 年滦河流域生态健康评价指标值,2025 年滦河流域评价指标预测结果见表 9.3。

表 9.3　2025 年滦河流域评价指标预测结果

评价指标	2025 年
土地垦殖指数/%	21.61
化肥施用强度/(kg/亩)	21.81
人口密度/(人/km²)	469.37
人口干扰指数/%	43.86
水资源开发利用率/%	86.45

评价指标	2025 年
生物第一潜在生产力/[g/(m² · a)]	923.69
多样性	0.98
蔓延度	84.34
均匀度	0.55
混布与并列指数	49.74
综合弹性指数	0.87
生态系统服务价值/[×10⁶/(km² · a)]	5.78
林地覆盖率/%	51.32
土壤侵蚀指数	9.90
人均国内生产总值/万元	20.84

根据所建立的指标体系,用三层模糊综合评价,首先分别对流域的指标值进行相对隶属度评判,根据评判结果及权重向量得到要素层,即各评价要素的隶属度矩阵,根据要素层的隶属度矩阵,结合权重向量对压力、状态、响应子系统进行综合评价,得到的结果见表 9.4。

表 9.4　2025 年滦河流域生态健康预测结果

系统	病态	不健康	亚健康	健康	很健康	评价结果
压力	0.2215	0.1353	0.6007	0.0425	0.0000	亚健康
状态	0.0231	0.0660	0.2635	0.3846	0.2628	健康
响应	0.0000	0.0000	0.0000	0.1465	0.8535	很健康
复合	0.0802	0.0746	0.2168	0.3267	0.3016	健康

根据表 9.4 中 2025 年滦河流域的生态健康预测结果可知,滦河流域 2025 年生态状况虽仍处于健康的状态,但对健康和很健康的隶属度达到了 60%,三个子系统中压力子系统的健康状态较差,而状态和响应子系统的健康状态较好,主要原因是 2025 年流域的土地压力虽有很大的缓解,但未能达到良好的状态,而随着经济的发展,生态修复措施的大力开展,流域自然状态有了很大好转,同时生态系统对社会的响应效果也较好。

在以流域为单元的生态系统中,经济发展是基础,生态环境保护是保障,人与生态环境和谐共处的可持续发展是目的。流域生态系统健康的本质就是以人为本的流域自然-经济-社会复合系统的健康、稳定和可持续发展。因此,流域管理应以资源开发、经济增长、环境保护和社会发展的协调性为准则,以可持续发展为目的,保护生态环境尤其水环境的良性循环和发展,促进全社会的不断进步和发展。结合驱动力分析结果,使滦河流域生态健康向预测方向发展需做好以下几点:

(1) 流域水资源综合规划保障实施。

水是最宝贵的自然资源,它对土地开发起着决定性作用,合理利用水资源是流域生态环境保护与重建的基础。2002 年启动的海河流域水资源综合规划的总目标是做好南水北调工程实施条件下当地水、外调水和其他水源的合理配置,全面推进节水型社会建设,保障城乡供水安全,修复流域生态,改善水质,为流域经济社会可持续发展提供水资源保障。

(2) 分区治理,增加生态建设投入。

由于经济发展水平不高,生态保护投入不均衡。滦河流域各地区存在不同的生态问题,同样在生态安全评价与预警结果中,各地区也有明显的差异性。因此,维护生态健康应采取分区治理的方法。根据流域健康评价结果,针对流域生态健康不同程度的发展趋势,分别采取合理有效的生态修复措施,大力推进水土流域治理措施实施,同时给予各项生态保护措施有力的资金保证。

(3) 控制人口增长。

人类活动是影响流域生态健康最主要的因素,是造成滦河流域生态退化的直接原因。人口增长、城市化步伐的加快,对流域生态环境造成了巨大压力。人与生态环境相互依存的关系非常明显,必须提高人口素质,控制人口过快增长,在城镇化的进程过程中,减少不合理的人类活动才能保护生态环境,实现流域生态系统健康发展。

9.3　小　　结

本章首先通过借鉴生态系统中生物体健康的免疫机理,结合生态系统的功能要求,构建了研究区河流健康预警模型。预警结果显示,滦河河流生态系统健康状况预期较为乐观,2020 年为健康状态。预计要到 2045 年左右,滦河才会恢复到20 世纪 50 年代相对较为健康的状态。

根据流域规划目标以及指标趋势分析结果预测流域未来生态健康状态:滦河流域 2025 年生态系统虽仍处于健康的状态,但对健康和很健康的隶属度达到了60%。结合驱动力因子分析,为促使流域生态向健康方向发展,在今后的发展中必须严格控制人口增长,在城市化的进程中,减少不合理的人类活动,合理开发水资源;加强对生态环境的保护与整治,注重林地保护,综合治理水土流失,提倡退耕还林。

第 10 章　结论与展望

10.1　结　论

随着气候变化和人类活动的影响,滦河流域遭遇了空前的生态环境危机:河道干涸、水体污染、湿地退化、优良鱼种消失等,已经严重威胁滦河的河流健康和流域的供水安全、粮食安全和生态安全。本书在分析滦河流域不同时期气候、人类活动、水文和生态环境等方面的变化特征的基础上,通过评价模型揭示了滦河河流、流域生态环境的演变过程;通过生态水文模型不同情景的模拟,识别了气候变化和人类活动影响因子对滦河河流、流域的生态环境变化的驱动力与贡献率;并对滦河未来的生态健康状态进行了预警分析。得到以下结论:

(1) 运用 3S 一体化信息提取技术以及时间序列分析和统计相关分析等分析方法,对滦河流域不同时期气候、人类活动、水文和生态环境等方面的变化特征进行了分析。结果显示:

① 气候变化方面,1956~2010 年,滦河流域多年平均降水量为 561mm,降水的年内分配差异性较大,空间分布极不均匀且呈下降趋势;多年平均气温为 8.07℃,有显著的上升趋势且空间上存在西北低东南高的格局;水面蒸发量呈现一定的下降趋势。

② 人类活动变化方面,1980~2010 年,滦河流域的社会经济用水以地下水供水为主,且总体呈一定的上升趋势,农田灌溉用水占总用水量的主要支出部分;滦河流域大中型水库主要建设于 20 世纪 70~90 年代;1980 年以来,滦河流域不同土地利用类型处于动态变化中,耕地面积先减少后增大,林地及建设用地面积持续增加,草地、水域和未利用土地面积相应减少;水土保持措施覆盖面积正在逐步扩大,但存在水土保持措施保存率低的问题。

③ 水文变化方面,20 世纪 80 年代以来因水利工程的建设和社会经济用水的增加,滦河部分河道断流加重,河道径流和入海水量明显减小,河流的含沙量也呈现明显的减少趋势。

④ 生态环境变化方面,20 世纪 50 年代以来,滦河流域的湿地面积呈现下降趋势;水质 80 年代初最好,90 年代末和 21 世纪初枯水年水质较差;生物多样性方面呈现出先减少后恢复的趋势;水土流失面积明显减少,中强度侵蚀以上面积急剧减少;植被面积呈一定的减少趋势,且由高覆被向中覆被转化。

（2）建立了滦河河流生态健康评价指标体系，基于模糊物元可拓法构建了河流健康评价模型，诊断了滦河生态系统的健康演变过程；构建了滦河流域生态健康评价指标体系与评价模型，并基于模糊数学法评价了滦河各子流域及各行政区生态系统健康状况。评价结果显示，1980～2010年，滦河河流生态健康状况总体上呈现先恶化后略微转好的趋势，但当前的状态还未恢复到1980年的健康状态；从流域生态角度看，自20世纪80年代以来，滦河流域生态健康状况整体处于持续恶化的趋势。

（3）建立了滦河基于SWAT分布式生态水文模型，识别了气候变化和人类活动影响因子对滦河生态环境变化的贡献率，给出了不同时期生态环境变化的主要驱动要素。结果显示，气候变化和人类活动对滦河河流自然生态健康变化影响的贡献率分别是28.98％和71.02％，对流域景观生态健康影响的贡献率分别为20.28％和79.72％；人类活动各因子方面，对滦河河流生态健康的贡献率由大到小依次为社会经济用水、城镇化、水利工程、水土保持、地下水开采和其他因子，其中城镇化和水利工程影响相差不大。

（4）构建了基于BP神经网络的河流生态健康预警模型，在对滦河主要驱动力因子进行预测的基础上，对未来滦河生态健康状况做出了预测预警；构建了流域生态健康预警框架，对未来滦河流域生态健康进行预测。滦河河流、流域生态健康预警结果显示，滦河生态环境健康均有好转的迹象，滦河流域管理部门在做好水土保持、水资源合理开发利用的同时，仍应加强水污染防治和水利工程补水调度等相关工作。

10.2　展　　望

本书研究取得的成果可为河流及流域生态系统今后的管理和恢复工作提供一定的理论基础与技术支持，但由于该方面涉及的内容广泛，学科交叉融合性强，理论和方法都处于探索阶段。因此，受水平、精力和时间的限制，还有许多工作需要进一步深入研究：

（1）目前针对整个流域面的生态健康评价研究还处于探索阶段，如何建立合理全面的评价指标体系，选择合适的评价指标全方位描述流域的资源（水资源、土地资源等）、环境（景观、生物等）、社会（人口、经济等）还需要进一步探讨研究。

（2）由于流域的状态指标具有滞后性，长序列的生态系统健康评价更能够客观地反映滦河流域的变化趋势，也更具有研究价值和实用意义。受时间及数据的限制，仅深入研究了滦河河流生态健康随时间的动态过程，今后还需进一步分析流域景观格局随时间的动态过程，揭示流域生态环境变化的规律和机制。

（3）随着科学技术的迅猛发展，全球农业也因此得到迅速的发展。将农业活动对流域生态环境变化的影响进行深入研究,从农业用水对流域水资源量的影响以及农业面源污染对流域环境及水质的影响两方面探讨农业生产与流域生态系统健康状况之间的相互关系,对流域生态健康的保护及修复具有重要的现实意义。

参 考 文 献

[1] 陈进,黄薇.水资源与长江的生态环境[M].北京:中国水利水电出版社,2008.

[2] 史培军.地理环境演变研究的理论与实践——鄂尔多斯地区晚第四纪以来地理环境演变研究[M].北京:科学出版社,1991.

[3] 张增祥,杨存建,田光进.基于多源空间数据的中国生态环境综合评价与分析[J].遥感学报,2003,7(1):58-65.

[4] 王徽.生态环境地球化学的研究进展[J].地质与勘探,2001,37(5):67-70.

[5] 傅伯杰,牛栋,赵士洞.全球变化与陆地生态系统研究:回顾与展望[J].地球科学进展,2005,20(5):556-560.

[6] Turner M G,O'Neill R V. Predicting the spread of disturbance across heterogeneous landscapes[J]. OIKOS,1989,55(1):121-129.

[7] Jia Y,Niu C,Wang H. Integrated modeling and assessment of water resources and water environment in the Yellow River Basin[J]. Journal of Hydro-Environment Research,2007,1(1):12-19.

[8] Wu B,Ci L J. Landscape change and desertification development in the Mu Us Sandland, Northern China[J]. Journal of Arid Environments,2002,50(3):429-444.

[9] Ohtsuka R,Inaoka T,Umezaki M,et al. Long-term subsistence adaptation to the diversified Papua New Guinea environment:Human ecological assessments and prospects[J]. Global Environmental Change,1995,5(4):347-353.

[10] Zhou T,Peng S. Spatial scale types and measurement of edge effects in ecology[J]. Acta Ecologica Sinica,2008,28(7):3322-3333.

[11] Hao H M,Ren Z Y. Land use/land cover change (LUCC) and eco-environment response to LUCC in Farming-Pastoral Zone,China[J]. Agricultural Sciences in China,2009,8(1):91-97.

[12] 赵静.基于 RS 和 GIS 技术三江源生态环境演变及驱动力分析[D].长春:吉林大学,2009.

[13] 陈静生.河流水质全球变化研究若干问题[J].环境化学,1992,11(2):43-51.

[14] Cude C G. Oregon water quality index[J]. Journal of the American Water Resources Association,2001,37(1):125-137.

[15] Schofield N J,Davies P E. Measuring the health of our rivers[J]. Water,1996,5(6):39-43.

[16] Hughes R M,Paulsen S G,Stoddard J L. EMAP surface water:A multi-assemblage,probability survey of ecological integrity in the USA[J]. Hydrobiologia,2000,422/423(4):429-443.

[17] 孔红梅,赵景柱,姬兰柱,等.生态系统健康评价方法初探[J].应用生态学报,2002,13(4):486-490.

[18] Parsons M,Thoms M,Norris R. Australian river assessment system:Review of physical river assessment methods—A biological perspective[R]. Canberra:Department of the Envi-

ronment(Australia),2002.

[19] 杨海军. 河流生态系统评价指标体系研究[M]. 长春:吉林科学技术出版社,2010.

[20] 刘晓燕,张建中,张原峰. 黄河健康生命的指标体系[J]. 地理学报,2006,61(5):451-460.

[21] 冯普林. 渭河健康生命的主要标志及评价指标体系研究[J]. 人民黄河,2005,27(8):3-6.

[22] 张可刚,赵翔,邵学强. 河流生态系统健康评价研究[J]. 水资源保护,2005,21(6):11-14.

[23] 罗跃初,周忠轩,孙轶,等. 流域生态系统健康评价方法[J]. 生态学报,2003,23(8):
      1606-1614.

[24] 李春晖,崔嵬,庞爱萍,等. 流域生态健康评价理论与方法研究进展[J]. 地理科学进展,
      2008,27(1):9-17.

[25] 龙笛. 国外健康流域评价理论与实践[J]. 海河水利,2005,(3):1-5.

[26] 尤平,任辉. 底栖动物及其在水质评价和监测上的应用[J]. 淮北煤师院学报:自然科学版,
      2001,22(4):44-48.

[27] Beck M B. Vulnerability of water quality in intensively developing urban watersheds[J].
      Environmental Modelling & Software,2005,20(4):381-400.

[28] Conway T M,Lathrop R G. Alternative land use regulations and environmental impacts:
      Assessing future land use in an urbanizing watershed[J]. Landscape and Urban Planning,
      2005,71(1):1-15.

[29] Walz R. Development of environmental indicator systems:Experiences from Germany[J].
      Environmental Management,2000,25(25):613-623.

[30] Tiner R W. Remotely-sensed indicators for monitoring the general condition of "natural
      habitat" in watersheds:An application for Delaware's Nanticoke River watershed[J]. Eco-
      logical Indicators,2004,4(4):227-243.

[31] Lin G B,Hu C S,Walker J,et al. Guidelines for Diagnosis of Ecological and Environmental
      Health[M]. Canberra:CSIRD Land and Water,1999.

[32] 戴全厚,刘国彬,田均良,等. 侵蚀环境小流域生态经济系统健康定量评价[J]. 生态学报,
      2006,26(7):2219-2228.

[33] 龙笛,张思聪. 滦河流域生态系统健康评价研究[J]. 中国水土保持,2006,(3):14-16.

[34] 吴炳方,罗治敏. 基于遥感信息的流域生态系统健康评价——以大宁河流域为例[J]. 长江
      流域资源与环境,2007,16(1):102-106.

[35] 郭晋平,周志翔. 景观生态学[M]. 北京:中国林业出版社,2007.

[36] 盛芝露,赵筱青,李佩泽. 中国流域生态系统健康评价研究进展[J]. 云南地理环境研究,
      2011,23(2):52-58.

[37] 王冬梅. 基于3S技术的武都区生态环境变化及驱动力分析[D]. 兰州:兰州大学,2013.

[38] Pan D,Domon G,Blois S D,et al. Temporal (1958-1993) and spatial patterns of land use
      changes in Haut-Saint-Laurent (Quebec,Canada) and their relation to landscape physical
      attributes[J]. Landscape Ecology,1999,14(1):35-52.

[39] Jaimes N B P,Sendra J B,Delgado M G,et al. Exploring the driving forces behind deforesta-
      tion in the state of Mexico using geographically weighted regression[J]. Applied Geogra-

phy,2010,30(4):576-591.

[40] Rudel T K. Tree farms:Driving forces and regional patterns in the global expansion of forest plantations[J]. Land Use Policy,2009,26(3):545-550.

[41] 王根绪,沈永平,程国栋. 黄河源区生态环境变化与成因分析[J]. 冰川冻土,2000,22(3):200-205.

[42] 尹昭汉,张国枢,布仁仓,等. 鸭绿江中下游地区生态环境演变分析[J]. 地理科学,2001,21(6):544-548.

[43] 陈德华,刘少玉,王昭. 疏勒河流域中游生态环境变化及成因分析[J]. 水文地质工程地质,2001,28(6):23-25.

[44] 邓辉,夏正楷,王琫瑜. 从统万城的兴废看人类活动对生态环境脆弱地区的影响[J]. 中国历史地理论丛,2001,16(2):104-113.

[45] 王乃昂,颉耀文,薛祥燕. 近 2000 年来人类活动对我国西部生态环境变化的影响[J]. 中国历史地理论丛,2002,17(3):12-19.

[46] 杨具瑞,方铎,成自勇,等. 甘肃省生态环境变化成因及区域分布分析[J]. 水利水电科学进展,2002,22(3):6-11.

[47] 刘志丽,马建文,陈嘻,等. 利用 3S 技术综合研究新疆塔里木河流域中下游 11 年生态环境变化与成因[J]. 遥感学报,2003,7(2):146-152.

[48] 张明铁,史生胜,张巍,等. 额济纳绿洲生态环境变化及原因分析[J]. 中国水土保持科学,2003,1(4):56-60.

[49] 杨永春. 干旱区流域下游绿洲环境变化及其成因分析——以甘肃省河西地区石羊河流域下游民勤县为例[J]. 人文地理,2003,18(4):42-47.

[50] 蓝永超,孙保林,丁永建,等. 黑河流域生态环境变化及其影响因素分析[J]. 干旱区资源与环境,2004,18(2):32-39.

[51] 刘章勇,雷慰慈,陈阜. 江汉平原涝渍生态环境的演替及其驱动力分析[J]. 科技进步与对策,2004,21(8):158-160.

[52] 董立新,王文科,孔金玲,等. 黄河上游玛多县生态环境变化遥感监测及成因分析[J]. 水土保持通报,2005,25(4):68-72.

[53] 郝兴明,陈亚宁,李卫红. 塔里木河流域近 50 年来生态环境变化的驱动力分析[J]. 地理学报,2006,61(3):262-272.

[54] 宁镇亚,刘东兰,郑小贤,等. 呼伦贝尔生态环境遥感调查和驱动力分析[J]. 遥感信息,2006,(3):36-39.

[55] 王海青,张勃. 黑河流域 40 多年来生态环境变化驱动力分析及对策[J]. 干旱区资源与环境,2007,21(10):43-47.

[56] 李凤霞,伏洋,李林,等. 黄河源头生态环境变化的遥感监测及驱动因素[J]. 生态环境,2008,17(6):2297-2303.

[57] 艾合买提·吾买尔. 人类活动驱动下于田绿洲生态环境演变研究[D]. 乌鲁木齐:新疆大学,2010.

[58] 马利邦. 敦煌市生态环境演变及驱动因素研究[D]. 兰州:兰州大学,2011.

[59] 王冬梅,孟兴民,邢钊,等.基于 RS 的武都区植被覆盖度动态变化及其驱动力分析[J].干旱区资源与环境,2012,26(11):92-97.

[60] 周沙,黄跃飞,王光谦.黑河流域中游地区生态环境变化特征及驱动力[J].中国环境科学,2014,34(3):766-773.

[61] 郑通汉.论水资源安全与水资源安全预警[J].中国水利,2003,(11):19-22.

[62] 赵雪雁.西北干旱区城市化进程中的生态预警初探[J].干旱区资源与环境,2004,18(6):1-5.

[63] 陈绍金.水安全系统评价、预警与调控研究[M].北京:中国水利水电出版社,2006.

[64] 刘玉芬.滦河流域水文、地质与经济概况分析[J].河北民族师范学院学报,2012,32(2):24-26.

[65] 冯焱.中国江河防洪丛——海河卷[M].北京:水利电力出版社,1993.

[66] 水利部海河水利委员会海河流域水土保持监测中心站.应用遥感技术调查海滦河流域土壤现状与编制土壤侵蚀图报告[R].天津,2002.

[67] 刘昌明,郑红星.黄河流域水循环要素变化趋势分析[J].自然资源学报,2003,18(2):129-135.

[68] 香宝.RS,GIS 一体化土地利用现状信息提取研究——以广西壮族自治区为例[J].地理学与国土研究,1999,15(3):91-93.

[69] 张雪才,王伟,贺新娟.3S 技术在水土流失动态变化分析中的应用[J].水利与建筑工程学报,2012,10(4):31-34.

[70] 单玉芳.模糊综合评价在水环境质量评价中的应用研究[D].南京:河海大学,2006.

[71] 王维,纪枚,苏亚楠.水质评价研究进展及水质评价方法综述[J].科技情报开发与经济,2012,22(13):129-131.

[72] 吕艳,翟卫东,邢海燕,等.潘家口、大黑汀水库富营养化趋势分析及对策[J].河北水利,2012,(10):38-38.

[73] 冯向阳,张欣,蔡焰值,等.潘家口水库浮游生物资源调查与评价[J].河北渔业,2011,(5):19-29.

[74] 周绪申,林超,罗阳.滦河水库系统浮游植物时空变化特征研究[J].农业环境科学学报,2010,29(10):1884-1891.

[75] 刘正佳,于兴修,李蕾,等.基于 SRP 概念模型的沂蒙山区生态环境脆弱性评价[J].应用生态学报,2011,22(8):2084-2090.

[76] 汪荣,李法玲.基于 3S 和 RUSLE 模型的小流域土壤侵蚀定量估算[J].林业勘察设计,2012,(1):84-88.

[77] 夏艳华.黄土抗侵蚀能力与抗剪强度关系研究[J].水利水电技术,2012,43(9):119-122.

[78] 岑奕,丁文峰,张平仓.华中地区土壤可蚀性因子研究[J].长江科学院院报,2011,28(10):65-68.

[79] 潘建平.RUSLE 及其影响因子的快速计算分析[J].地质灾害与环境保护,2008,19(1):88-92.

[80] 蔡崇法,丁树文,史志华,等.应用 USLE 模型与地理信息系统 IDRISI 预测小流域土壤侵

　　　　蚀量的研究[J]. 水土保持学报,2000,14(2):19-24.

[81] 陈明华,聂碧娟. 土壤侵蚀转折坡度的研究[J]. 福建水土保持,1995,(3):35-38.

[82] 傅伯杰,汪西林. DEM 在研究黄土丘陵沟壑区土壤侵蚀类型和过程中的应用[J]. 水土保
　　　 持学报,1994,(3):17-21.

[83] Romkens M J M,李中魁. 土壤可蚀性因子研究展望[J]. 水土保持科技情报,1988,(4):
　　　 16-22.

[84] 廖炜,李璐,吴宜进,等. 丹江口库区土地利用变化与生态环境脆弱性评价[J]. 自然资源学
　　　 报,2011,26(11):1879-1889.

[85] 黄方,刘湘南,张养贞. GIS 支持下的吉林省西部生态环境脆弱态势评价研究[J]. 地理科
　　　 学,2003,23(1):95-100.

[86] 李滨勇,陈海滨,唐海萍. 基于 AHP 和模糊综合评判法的北疆各地州生态脆弱性评价[J].
　　　 北京师范大学学报:自然科学版,2010,46(2):197-201.

[87] Ying X,Zeng G M,Chen G Q,et al. Combining AHP with GIS in synthetic evaluation of
　　　 eco-environment quality—A case study of Hunan Province,China[J]. Ecological Modelling,
　　　 2007,209(2-4):97-109.

[88] 徐明德,曹露,何娟,等. 基于 GIS 的生态环境脆弱性模糊综合评价[J]. 中国水土保持,
　　　 2011,30(6):19-21.

[89] 王新华,纪炳纯,李明德,等. 引滦工程上游浮游植物及其水质评价[J]. 环境科学研究,
　　　 2004,17(4):18-24.

[90] 宋芬. 海河流域浮游植物生物多样性研究[D]. 武汉:华中农业大学,2011.

[91] 黎洁. 海河流域浮游动物多样性调查[D]. 武汉:华中农业大学,2011.

[92] 宋秀清. 滦河流域水土流失及其防治对策[J]. 水土保持通报,1993,13(1):60-63.

[93] 周为峰,吴炳方,李强子. 官厅水库上游近 20 年土壤侵蚀强度时空变化分析[J]. 水土保持
　　　 研究,2005,12(6):183-186.

[94] 杜芙蓉. 河流生态系统健康评价与预警研究[D]. 南京:河海大学,2009.

[95] 叶义成,柯丽华,黄德育. 系统综合评价技术及其应用[M]. 北京:冶金工业出版社,2006.

[96] 高永胜. 河流健康生命评价与修复技术研究[D]. 北京:中国水利水电科学研究院,2006.

[97] 董增川. 水资源规划与管理[M]. 北京:中国水利水电出版社,2008.

[98] 徐伟,董增川,付晓花,等. 基于 BP 人工神经网络的河流生态健康预警[J]. 河海大学学报:
　　　 自然科学版,2015,43(1):54-59.

[99] 杨春燕,张拥军,蔡文. 可拓集合及其应用研究[J]. 数学的实践与认识,2002,32(2):
　　　 301-308.

[100] Xu W,Dong Z,Hao Z,et al. River health evaluation on the fuzzy matter-element extension
　　　 assessment model[J]. Polish Journal of Environmental Studies,2017,26(3):1353-1361.

[101] 蔡燕,王会肖. 生态系统健康及其评价研究进展[J]. 中国生态农业学报,2007,15(2):
　　　 184-187.

[102] 魏晓华,孙阁. 流域生态系统过程与管理[M]. 北京:高等教育出版社,2009.

[103] Costanza R,Norton B G,Haskell B D. Ecosystem health:New goals for environmental

management[M]. Washington DC:Island Press,1992:1-125.

[104] 王仰麟,赵一斌,韩荡.景观生态系统的空间结构:概念、指标与案例[J].地球科学进展,1999,14(3):235-241.

[105] 李秀珍,布仁仓,常禹,等.景观格局指标对不同景观格局的反应[J].生态学报,2004,24(1):123-134.

[106] 谢高地,鲁春霞,冷允法,等.青藏高原生态资产的价值评估[J].自然资源学报,2003,18(2):189-196.

[107] 山成菊,董增川,樊孔明,等.组合赋权法在河流健康评价权重计算中的应用[J].河海大学学报,2012,40(6):622-628.

[108] 陈守煜.论相对隶属度[J].大自然探索,1993,12(44):25-27.

[109] Costanza R. Predicators of ecosystem health//Rapport D J,Costanza R,Epstein P R,et al. Ecosystem Health[M]. Malden,Oxford:Blackwell Science,1998:240-250.

[110] Rapport D J. Dimensions of ecosystem health//Rapport D J,Constanza R,Epstein P R,et al. Ecosystem Health[M]. Malden,Oxford:Blackwell Science,1998:34-40.

[111] 宋兰兰,陆桂华,刘凌,等.区域生态系统健康评价指标体系构架——以广东省生态系统健康评价为例[J].水科学进展,2006,17(1):116-121.

[112] 颜利,王金坑,黄浩.基于 PSR 框架模型的东溪流域生态系统健康评价[J].资源科学,2008,30(1):107-113.

[113] 方庆,董增川,刘晨,等.基于景观格局的区域生态系统健康评价——以滦河流域行政区为例[J].南水北调与水利科技,2012,10(6):37-41.

[114] 方庆,董增川,刘晨,等.基于 PSR 模型的唐山地区生态系统健康评价[J].中国农村水利水电,2013,(6):26-29.

[115] Yue S,Pilon P,Phinney B. Canadian streamflow trend detection:Impacts of serial and cross-correlation[J]. Hydrological Sciences Journal,2003,48(1):51-63.

[116] 刘学峰,向亮,翟建青.环境变化对滦河流域径流影响的定量研究[J].自然资源学报,2013,28(2):244-252.

[117] 董国强.基于集合模拟的滦河流域水资源演变归因研究[D].上海:东华大学,2013.

[118] 张利平,曾思栋,夏军,等.漳卫河流域水文循环过程对气候变化的响应[J].自然资源学报,2011,26(7):1217-1226.

[119] 蔡锡镇,徐宗学,李占玲.漳卫南运河流域水文气象要素长期变化趋势分析[J].资源科学,2008,30(3):363-370.

[120] 徐宗学.水文模型[M].北京:科学出版社,2009.

[121] Yamamoto R,Iwashima T,Sanga N,et al. An analysis of climatic jump[J]. Journal of the Meteorological Society of Japan,1986,64(2):273-281.

[122] WMO. Water Recources and Climate Change:Sensitivity of Water Resources Systems to Climate Change and Variability[M]. Geneva:WMO,1987.

[123] 李致家,孔凡哲,王栋,等.现代水文模拟与预报技术[M].南京:河海大学出版社,2010.

[124] 田彦杰.基于 SWAT 的流域下垫面变化的水文响应研究[D].天津:天津理工大学,2012.

［125］王学.基于 SWAT 模型的白马河流域土地利用/覆被变化的水文效应研究［D］.济南：山东师范大学,2012.

［126］孙振江,王怀福.德州市地下水开采对生态环境的影响及对策［J］.地下水,2009,31(4)：30-33.